本专著得到工商管理黑龙江省国内一流学科资助。

本专著是 2018 年度教育部人文社会科学研究青年基金项目"基于多属性分析的城市关键基础设施系统抗灾能力评估研究"（课题编号：18YJCZH175）、2019 年度黑龙江省哲学社会科学研究规划项目"基于大数据的自然灾害情景推演方法研究"（课题编号：19GLD232）、黑河学院博士科研启动基金"大数据背景下自然灾害链情景态势推演方法"（课题编号：2019KYQDJJYJ08）的研究成果。

自然灾害
情景态势推演规则与风险评估方法

NATURAL DISASTER
SCENARIO SITUATION INFERENCE RULES AND
RISK ASSESSMENT METHODS

王诗莹　　著

经济管理出版社
ECONOMY & MANAGEMENT PUBLISHING HOUSE

图书在版编目（CIP）数据

自然灾害情景态势推演规则与风险评估方法/王诗莹著．—北京：经济管理出版社，2024.5
ISBN 978-7-5096-9712-2

Ⅰ.①自…　Ⅱ.①王…　Ⅲ.①自然灾害—风险管理—研究　Ⅳ.①X43

中国国家版本馆 CIP 数据核字（2024）第 101795 号

组稿编辑：王　蕾
责任编辑：杨　雪
助理编辑：王　蕾
责任印制：张莉琼
责任校对：陈　颖

出版发行：经济管理出版社
　　　　　（北京市海淀区北蜂窝 8 号中雅大厦 A 座 11 层　100038）
网　　址：www. E-mp. com. cn
电　　话：（010）51915602
印　　刷：北京晨旭印刷厂
经　　销：新华书店
开　　本：720mm×1000mm/16
印　　张：11. 25
字　　数：208 千字
版　　次：2024 年 10 月第 1 版　　2024 年 10 月第 1 次印刷
书　　号：ISBN 978-7-5096-9712-2
定　　价：78. 00 元

目　　录

第1章 自然灾害情景推演与风险管理概述

1.1 自然灾害的内涵与分类

1.1.1 自然灾害的内涵

一般来说，自然灾害可以看作一种自然现象，这种现象会给人类的生存带来严重危害，或损害人类的生活环境，中华人民共和国国家标准 GB/T 24438.1—2009《自然灾害灾情统计第1部分：基本指标》将自然灾害归纳为气象灾害、地质灾害、海洋灾害、生物灾害及与自然现象有关的其他类型灾害。从灾害系统理论出发，自然灾害是由孕灾环境、致灾因子和承灾体共同组成的地球表层变异系统，灾情为该系统中各子系统相互作用的结果。从灾害结果的角度出发，自然灾害是指由于自然异常变化造成的人员伤亡、财产损失、社会失稳、资源破坏等现象或一系列事件。总体来说，自然灾害是人类依赖的自然界中所发生的异常现象，其形成过程必须具备两个条件：一是要有导致自然现象异变的诱导因素，这个因素既可能是人类的破坏活动，也可能是大自然内部自身调整作用的结果；二是要有人类、社会、财产和资源作为灾害的作用对象受到不同程度的破坏。因此，自然灾害是由自然事件或力量为主因造成的生命伤亡和人类社会财产损失的事件。与其他定义相比，该定义更加强调灾害所造成的后果，认为"自然事件或力量"仅是触发自然灾害的诱因，是自然现象，不属于自然灾害，只有由它们所造成的生命伤亡、关键基础设施破坏和财产损失等才属于自然灾害。比如，大兴安岭地区既是中国重点国有林区和天然林主要分布区之一，也是中国唯一的寒温带明亮针叶林区和国内仅存的寒温带生物基因库，森林覆盖率达到80%以上，没有人类居住和破坏。每年夏天，由于温度过高，常常在森林中可燃物自热或受外热产生自燃现象，引起森林火灾，大面积珍贵的物种被破坏，灾害诱因为自然现象，因此属于自然灾害。相比而言，日常生活中与"自然事件或力量"无关的火灾不是自然灾害。

1.1.2 自然灾害的分类

目前，国内外关于自然灾害分类的标准不同，名称之间也略有差异，为了方便后续对自然灾害情景研究的描述，本节对自然灾害的分类标准和类型进行统一、规范。从不同角度出发，自然灾害可以划分为不同类型。

1.1.2.1 从时间角度划分

根据自然灾害形成时间，可以将其分为不确实性较强的突发性灾害、在较长时间中才能逐渐显现的渐变性灾害和人类活动导致的环境灾害等。其中，突发性灾害是自然现象和力量的先兆信息不明显，人们事先难以察觉，即使察觉也无法及时采取相应的预防和补救措施，仅在几天、几小时、几分钟甚至几秒钟内表现出自然灾害行为，如地震、火山爆发等。渐变性灾害是在致灾因子的长期作用下而显现出来，可以是几年、几十年或几百年，也称之为缓发性自然灾害，如土地沙漠化、水土流失等。除此之外，人类生产活动而导致自然环境发生改变的自然灾害称为环境灾害，如温室效应、酸雨等。自然灾害形成的时间和人类活动及外部环境有着密切的关联关系。

1.1.2.2 从致灾因子角度划分

致灾因子指能够对人类生命、财产或各种活动产生不利影响，并达到造成灾害程度的罕见或极端的自然现象。根据自然现象的性质不同，自然灾害可以分为以下十三种类型：

第一，洪涝灾害：我国是洪涝灾害发生频率较高的国家，根据灾害作用对象的不同，又可以进一步划分为洪水灾害和雨涝灾害。其中，由于某一地区长时间降雨，或冰雪融化、冰凌、堤坝溃决、风暴潮等原因引起江河湖泊及沿海水量迅速增加、堤坝水位上涨而泛滥，以及山洪暴发、泥石流等所造成的灾害称为洪水灾害。由于降雨时间长、降雨量过大且集中而导致原有的排水系统失效，产生大量的积水和径流，人们无法进行正常的生产、生活活动，房屋、公路、通信设施及关键基础设施破坏，庄稼歉收或绝收的灾害称为雨涝灾害。根据雨涝灾害形成的时间，可以分为春涝、夏涝、夏秋涝和秋涝等。洪水灾害和雨涝灾害一般发生在同一时间的不同作用对象之间，常常统称为洪涝灾害。

第二，台风灾害：指热带或副热带海洋上发生的气旋性涡旋大范围活动，伴随大风、巨浪、暴雨、风暴潮等，对人类生产生活具较强破坏力的灾害。我国气象部门将热带气旋按中心附近地面最大风速从大到小分成六个等级，即超强台风、强台风、台风、强热带风暴、热带风暴、热带低压。台风可摧毁登陆地区的大片建筑物或工程设施，吹断通信与输电线路，毁坏农作物或经济作物，造成严重的灾难。台风在海面上引起的巨浪不仅会使来不及躲避的船只颠覆沉没，还会使海上石油钻井平台遭到破坏。台风带来的暴雨常常造成严重的洪涝灾害。

第三，冰雹灾害：从强对流云团中降落到地面的，其直径为5～50毫米的小冰粒或小冰块叫作冰雹。云团是指停留在大气层上的水汽、水滴或冰晶胶体的集合体。当云团的温度比周围空气温度高时，因密度较周围空气小，云团就要上升，周围的空气就要下沉，这称为空气的对流运动。当对流运动中云团的垂直上升速度接近每秒50厘米时，称之为强对流运动。云团中的水汽随着气流上升，高度越高，温度越低，水汽就会凝结成液体状的水滴；如果高度不断增高，温度降到0℃以下时，水滴就会凝结成固体状的冰粒或冰块，降落到地面就是冰雹。冰雹对人类社会造成的灾害，称为冰雹灾害。虽然冰雹云的范围不大，多数不到20平方千米，由于移速可达每小时50千米，降雹的持续时间也比较短，一般在5～20分钟，但冰雹常砸坏农作物和房屋、设施等，加之下冰雹时，常伴有强烈的大风和暴雨，冰雹灾害有时会相当严重。

第四，雷电灾害：当天空中乌云密布，雷雨云迅猛发展时，突然一道夺目的闪光划破长空，接着传来震耳欲聋的巨响，这就是闪电和打雷，亦称为雷电。就雷的本质而言，它属于大气声学现象，是大气中的小区域强烈爆炸产生的冲击波而形成声波，而闪电则是大气中发生的火花放电现象。雷电灾害泛指雷击或雷电电磁脉冲入侵和影响造成人员伤亡或物体受损，其部分或全部功能丧失，酿成不良的社会和经济后果的事件。雷电灾害的损失包括直接的人员伤亡和经济损失，以及由此衍生的间接的经济损失和不良社会影响。雷电作为自然界中影响人类活动的严重灾害之一，不仅造成了人员伤亡，还给航空航天、国防、通信、计算机、电子工业、化工石油、邮电、交通、森林等行业造成了严重的经济损失。雷电灾害已经被联合国有关部门列为"最严重的十种自然灾害之一"。

第五，高温热浪灾害：大气温度高，而且高温持续时间较长，引起人、动物以及植物不能适应的天气过程叫作高温热浪。2008年5月，《民政部关于印发

〈自然灾害情况统计制度〉的通知》规定，高温热浪指连续 5 天以上日最高气温大于或等于 35℃。高温热浪给人类带来的危害叫作高温热浪灾害。虽然高温热浪往往伴有干旱出现，但高温热浪不等于干旱。干旱的标准和类型划分主要突出以水分为显著特征；高温热浪的标准和类型划分则主要突出以高温为显著特征，也有增加相对湿度作为辅助性指标。高温热浪超过人体的耐受极限会导致疾病的发生或加重，甚至死亡。高温热浪影响人们的正常生活和工作，造成城市用水、用电紧张，引发人们心情烦躁，降低工作效率，导致交通安全等事故率上升。高温热浪影响植物生长发育，使农林牧业的产量和品质下降。例如，使处于乳熟期的早稻逼熟，降低千粒重而减产，棉花因蒸腾作用加大，水分供需失调，产生了萎蔫和落蕾落铃现象。高温热浪还极易引发森林或草原火灾。当伴随干旱出现时，高温热浪对农业的影响更为严重。

第六，干旱灾害：在一个较长的时间内无雨或少雨而造成的空气干燥、土壤缺水的现象叫作干旱。若干旱较严重，导致农业生产等经济活动与人类生活受到危害时，造成的灾害称为干旱灾害，简称"旱灾"。干旱的最严重后果是饥荒。严格来讲，干旱可分为大气干旱和土壤干旱两种。所谓大气干旱就是少雨、相对湿度很低的情况。大气干旱还常常伴随着高温和多风。干旱的标准有不同的规定。最简单的干旱标准是降水量的多少。一般采用降水量（年或季）小于或等于常年的 80% 为小旱；降水量小于或等于常年的 40% 为大旱。大气干旱常常伴随土壤水分减少，不能满足作物的需要，出现土壤干旱。但是，土壤干旱也可能由人类过量使用水资源或其他原因引起。一般根据土壤水分和作物参数确定土壤干旱的程度。

第七，沙尘暴灾害：沙暴和尘暴的总称叫沙尘暴，是指由于强风把地面大量沙尘物质卷入空中，使空气特别混浊，水平能见度低于一公里的严重风沙天气现象。其中，沙暴指大风把大量沙粒吹入近地面气层所形成的携沙风暴；尘暴则是指大风把大量尘埃及其他细粒物质卷入高空所形成的风暴。沙尘暴发生时，天空呈现沙褐色，甚至红褐色。由沙尘暴造成的人员伤亡、经济损失和环境破坏称为沙尘暴灾害。

沙尘暴会吹走上游农田中肥沃表土，使土壤贫瘠、农业减产；沙尘暴对下游地区的农田产生覆盖，把庄稼埋掉。沙尘暴使大量的沙尘飘浮在大气中，污染了空气，严重地危害了人们的健康，并使动物死亡等。沙尘暴使地面水平能见度低，严重影响交通运输并使交通事故增加。有的强沙尘暴风力达到 10 级以上，会使建筑物受到损伤。

目前，人们已基本掌握了沙尘暴的形成机理和活动规律，并在沙尘暴的监测、预报体系建设方面取得重要进展，但在环境治理和环境保护方面进展不大，减轻沙尘暴的危害任重而道远。

第八，地震灾害：由地球内部运动引起的，人们通过感觉或仪器可察觉到的地面振动称为地震。由强震的破坏性引起的有害于人类生存与社会发展的现象称为地震灾害。由地震引起的强烈地面振动会造成建筑物、工程设施的倒塌与损坏，破坏人类生存和生产环境，并造成大量的人员伤亡。地震还会诱发火灾、水灾、冻灾，使有毒物质的生产、输送、储存设备破坏，造成的损失有时比直接的地震灾害还严重。目前，人们还没有能力像隔天预报刮风下雨一样较为准确地预报地震。短临地震预报仍然是一个世界性科学难题。

第九，地质灾害：广义的地质灾害应包括地震、火山活动等由于地壳内部的自然过程引起的灾害，但我国政府从 2004 年 3 月 1 日起施行的《地质灾害防治条例》中涉及的地质灾害，是指自然因素或者人为活动引发的危害人民生命和财产安全的山体崩塌、滑坡、泥石流、地面塌陷、地裂缝、地面沉降等与地质作用有关的灾害。本书采用上述条例所指的狭义地质灾害的定义，它们主要是水圈、大气圈的外力与岩石圈地质过程相结合的产物，而且往往受人类活动的诱发影响。

地质灾害可进一步划分为山体崩塌、滑坡、泥石流、地面塌陷、地裂缝和地面沉降。

山体崩塌：在丘陵地区或山区的陡峭斜坡上，一定体积的岩体或者土体在重力作用下，突然脱离母体，发生崩落、滚动的地质现象叫作山体崩塌。狭义地质灾害中的山体崩塌常常是多种原因综合所致，不像地震引起的山体崩塌那样主因比较明显。

滑坡：斜坡上的土体或者岩体受雨水或河流冲刷、地下水活动、地震及人工切坡等因素影响，在重力作用下，沿着一定的软弱面或者软弱带，整体地或者分散地顺坡向下滑动的自然现象叫作滑坡。

泥石流：山区沟谷或者山地坡面上，由暴雨、冰雨融化等水源激发的，含有大量泥沙石块的介于挟沙水流和滑坡之间的土、水、气混合流叫作泥石流。泥石流是一种突然爆发、历时短暂、来势凶猛、具有强大破坏力的特殊洪流。泥石流中泥沙石块的体积含量一般超过 15%，最高可达 80%，其密度在每立方米 1.3 吨以上，最高可达每立方米 2.3 吨。泥石流爆发时，像一条褐色的巨龙，奔腾咆哮、巨石翻滚、激浪飞溅，石块撞击的声音雷鸣似的响彻山谷。

地面塌陷：地表岩体或者土体受自然作用或者人为活动影响向下陷落，并在地面形成塌陷坑洞的自然现象叫作地面塌陷。地面塌陷有自然塌陷和人为塌陷两大类。前者是地表岩、土体由于自然因素作用，如地震、降雨、自重等，向下陷落而成；后者是由于人为作用（如矿山采空塌陷）导致的地面塌落。塌陷区有岩溶塌陷和非岩溶塌陷之分。前者是岩溶地区因地下水等岩溶作用，形成地下岩溶洞，并逐渐向地面发展，最终导致地面塌陷。后者又根据塌陷区岩、土体的性质可分为黄土塌陷、火山熔岩塌陷和冻土塌陷等许多类型。

地裂缝：地表岩、土体在自然或人为因素作用下，形成一定长度、宽度、深度的裂缝，并出露于地表面的现象称为地裂缝。这种现象有可能会因影响人类活动与社会发展而形成灾害。地壳活动、水的作用与人类活动是导致地面开裂的主要原因。根据成因可把地裂缝分为构造地裂缝、非构造地裂缝与混合成因地裂缝三类。构造地裂缝有地震裂缝（由破坏性地震引起，因其成因具有一般性，通常作为地震灾害另作研究处理）、基底断裂活动裂缝（由基底断裂的长期活动造成，规模与危害最大）等。非构造地裂缝有松散土体在地表水或地下水作用下形成的潜蚀裂缝、膨胀土或淤泥质软土胀缩变形产生的裂缝、地面沉陷裂缝、滑坡裂缝等。混合成因的地裂缝有土体中的隐伏裂隙在地表水或地下水的作用下形成的裂缝等。

地面沉降：在一定的地质条件与人类经济、工程活动的影响下，因地表松散、土层固结压缩，导致局部地壳表面标高降低的现象称为地面沉降，地面沉降又叫地面下沉或者地陷。引起地面沉降的主要人为原因是：过量抽取地下水，采掘固体矿产、石油或天然气，建造地面压强大的建筑物或工程设施等。

第十，风暴潮灾害：由台风、温带气旋等强烈大气扰动引起的海面异常升高的现象称为风暴潮，风暴潮形成高水位驱使海水侵入陆地造成的灾害称为风暴潮灾害。风暴潮灾害与台风灾害的区别是，前者只在海岸带地区形成，而后者形成的区域则广得多。而且，台风灾害主要由强风、特大暴雨和风暴潮造成，所以，由台风引起的台风风暴潮灾害，是台风灾害的一部分。风暴潮范围一般为几十公里至几千公里，往往夹狂风恶浪而至，可使所影响的海域内潮水暴涨，漫溢上陆，吞没码头、城镇和村庄，造成巨大的财产损失与人员伤亡。但有时较为缓和的风暴潮使潮位异常升高时，也可利用其来引导吃水深度大的船舶出入港口航道。此外，还有一种"负风暴潮"，是由长时间的离岸大风导致岸边潮位骤降，海滩大片暴露，严重时会影响港湾与航道船舶的正常通行与停泊。风暴潮可否成灾，从自然因素说，与风暴潮位是否和天文潮高潮重叠关系很大，也取决于风暴潮发生地区的地理位置、海岸形状与海底地形等；从社会因素说，取决于沿岸社会、经济和人口状况等。风暴潮灾害居海洋灾害之首。全球有8个热带气旋发生区，这些区域的沿岸国家都有可能遭受台风风暴潮的袭击。

第十一，赤潮灾害：海水中某些微小的浮游植物、原生动物或细菌，在适宜的环境条件下突发性地增殖或聚集达到某一水平，使一定范围内的海水在一定的时间内变色的现象称为赤潮。赤潮的发生给海洋的环境、渔业与养殖业造成的危害与损失称为赤潮灾害。由于赤潮的起因、生物种类与数量的不同，赤潮不一定都呈红色，也可能呈黄色、绿色、褐色等。

赤潮会对海洋的环境、渔业与养殖业造成严重的危害与损失，并威胁人类的健康与生命安全。例如，赤潮可引起海洋异变，局部中断海洋食物链，威胁海洋生物的生存；有些赤潮生物向体外排泄或死亡后分解的黏液，可妨碍海洋动物滤食与呼吸，从而导致其窒息死亡；赤潮生物所含的毒素被鱼、虾、贝类或脊椎动物以及人类摄食后导致中毒或死亡；大量赤潮生物死亡后，仍会继续毒害海洋生物，或使鱼、虾、贝类死亡。

第十二，森林草原火灾：由于雷电、自燃或在一定自然背景条件下人为的原因导致的森林或草原的燃烧叫作森林草原火灾。森林和草原是人类的财富，它们的失控燃烧本身就是一种灾难。如果森林草原火灾导致人员伤亡或其他财产损失，也是森林草原火灾的一部分，属于广义的森林草原火灾。火即燃烧现象，它是可燃物质剧烈氧化而发光发热的化学反应。"森林草原火"就是森林和草原燃烧现象，指的是森林和草原中的可燃物在一定温度条件下与氧气快速结合，发热放光的化学反应。根据燃烧理论，森林和草原燃烧是自然界中燃烧的一种现象。

森林草原火灾是由于火势失去人们的控制，经常烧毁森林和草原，破坏森林和草原生态系统平衡，危及人类的生命财产。森林草原火灾是一种突发性强、破坏性大、处置救助较为困难、对森林和草原资源危害极为严重的灾害之一，它可直接烧毁过火区域内的森林和草场植被，火灾常常引起房屋烧毁、牲畜死亡和人员伤亡，同时，防火部门为预防、扑救火灾需投入大量的人力、物力、财力，给当地林业和畜牧业生产造成巨大损失。

第十三，植物森林病虫害：植物森林病虫害是植物病虫害和森林病虫害的统称。任何伤害植物或植物产品的植物、动物或病原体品种、品系或生物类型都称为植物病虫害。对森林、林木种苗及木材、竹材的病害和虫害称为森林病虫害。近年来，由于人民生活水平的提高，病虫害对园林植物产量、质量以及观赏价值造成的影响日益受到重视。这类病虫害发生的特点是外来有害生物不断入侵，主要病虫种类出现更迭。在我国不断引入国外园林风格和园林植物种类，植物配置和种植方式更加丰富的同时，一些原产于世界各地区的园林植物的危险性以及检疫性病虫害随之传入我国，扩散并危害本土园林植物。外来病虫害种类传入我国以后快速蔓延，往往能够造成非常大的危害，损失较大。

国内外近 10 年来发生的典型自然灾害事件如表 1-1 所示。

表 1-1 国内外发生的典型自然灾害

发生年份	自然灾害类型	具体事件	分析
2004	地质灾害	印度洋地震海啸	通过对具体案例研究发现，当一些要素聚集在一起，就可以产生特定类型的自然灾害，并且引发其他类型自然灾害同时发生，多种自然灾害相互叠加，造成更加严重的后果
2006	台风灾害	台风多次袭击中国中部	
2007	高温热浪灾害	孟加拉国热带风暴	
2008	地震灾害	中国"5·12"汶川大地震	
2009	地质灾害	美国阿拉斯加的里道特火山爆发	
2010	地质灾害	中国甘肃舟曲特大泥石流灾害	
2011	冰雪灾害	美国东北部遭受暴风雪吹袭	
2012	风暴潮灾害	飓风"桑迪"袭击海地及加勒比海地区	
2013	洪涝灾害	中国 8 月东北地区洪涝灾害	
2014	地震灾害	智利 8.2 级地震，引发 2 米高海啸	
2015	地质灾害	中国深圳市光明新区长圳红坳村凤凰社区宝泰园附近山体滑坡	

1.2 情景的内涵及特点分析

1.2.1 情景的概念

情景是貌似合理的、内部一致的描述一个系统可能的未来状态，其考虑到复杂系统内许多不同组件之间的相互作用，如气候、政策、生活方式等。情景不是未来的预言、预测或者趋势走向。相反地，它提供一个未来的动态视图，通过探索各种各样的变化轨迹，产生一个效益最大化的未来。

情景主要用于战略规划背景下长期或产生长期后果的短期决定，通过扩大视角和指明可能被忽略的关键问题。与依靠预测相比，情景是一个富有创造性的灵活方法，为不确定的未来做准备。因此，情景关注于一系列假设，甚至未来不可能提供的条件以帮助本章：①理解来自这些可供选择条件的影响；②评估潜在的危险和机遇；③识别应对这些危险和机遇的方法。除此之外，情景可能被用于对比分析系统中不同规则下的不同可能推演路径，如研究企业经济状态前景或植物物种环境研究。可见，情景用于增加笔者对当前系统的理解，以生成相应的战略和应急计划来帮助人们面对一个具有良好恢复性的不确定的未来。换句话说，情景告诉人们关于未来政策的选择。词条"情景"和"可供选择的未来"在文献中交替使用，然而，这些词的意思在描述未来的时候具有一定差异。"可供选择的未来"说明时间范围节点至未来的系统状态，情景描述系统条件的转移和变化产生一种怎样可供选择的未来。因此，每个情景代表一个投影路径，计划范围时间框架和每一个可供选择的未来是它们代表情景的终点，如图 1-1 所示。

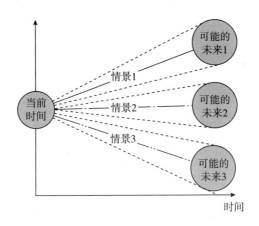

图 1-1　情景和可供选择的未来两者之间的关系

情景规划起源于美国空军规划者努力预测对方在二战期间的行动，这使他们能够基于特定的情景准备可供选择的方案。这些情景由兰德公司开发，其是美国政府军事战略研究合作伙伴。兰德公司其中一个军事战略家 Herman Kahn 紧接着精练和调整情景方法，于 1960 年创建了哈德逊研究所，将其作为企业计划工具。

Kahn 被公认为所有学科中现代情景科学的创始人，因为他推广了发展情景方法。

Pierre Wack 于 1970 年通过为荷兰皇家石油企业创建可供选择的未来，将情景使用提升到一个新的水平。Wack 和他的团队意识到特定条件存在时将提示主要的阿拉伯石油输出组织（OPEC）需要更高的石油价格，如美国耗尽石油储备致使美国对石油的需求不断上升。然而，传统的预测方法在 1970 年早期没能够预测石油价格出乎意料地上涨两倍，Wack 团队已在 1967 年指出石油产量、交付和价格的不确定性增加，主动权将由石油公司转移至石油生产国。这使荷兰皇家石油公司迅速做出反应，在 1973～1974 年禁止运输，因此，保证了该企业在业界的地位。众多案例表明，情景规划能够帮助公司在一个不可预知的市场中维持稳定。因此，荷兰皇家石油公司在企业设置中一直广泛采用情景方法，在 Wack 及其团队的指导下继续发展情景科学。后期，Peter Schwartz 和他的同事扩展情景规划至政府部门，他和他的一些同事形成了全球商业网络——一个帮助企业洞察未来的组织。情景规划方法也逐渐应用于灾害学研究领域。

1.2.2　情景与其他方法比较分析

未来不是过去的静态延续——情景意识到一些潜在的未来可能来自一些特定的时间节点，未来的预测不仅仅基于过去。此外，情景不同于其他的未来项目规划技术。此部分对比情景和其他可供选择的技术，建立两者之间的不同，分析情景方法的优点。

1.2.2.1　情景和预测

预测作为确定性模型的产物，通常仅限于尝试用高精确度的仿真来模拟最可能的未来。预测由目标因素的重要性驱动，基于外部趋势创建分析内容，因此预测是针对正式的未来。预测是短期规划中最有效的工具，因为系统中的缓慢增量变化使预测条件直接依赖于时间范围。规划方法的效果反过来受时间影响，如短期情景和长期预测可以导致情景低于预期或预测超出预期。由于巨大的不确定性，即使在长期，存在一个时间点可能导致情景失效。

在大多数情况下，决策者和预测者之间存在脱节问题，因为决策者不需要参与预测结果的计算，无法理解预测产生的思维过程。然而，情景从一开始就涉及决策者，并持续参与整个开发过程。当预测与现实情景不相符的时候，或者不严格关注未来可能会发生的情景描述，而是检查一系列未来可能潜在的影响，预测的作用将被削弱。这是因为情景的有效性来自策略和计划，以应对一系列可供选择的未来。也就是说，如何处理未来比未来到底是什么样子更加重要。

过高地估计变化的程度或低估影响因素的结构和行为可能导致预测错误，因此预测的规划并不总是成功的。相比而言，情景具有明显的优势，其可以用于理解不可能的未来，以可能的未来作为对照，因为情景允许控制关于未来的假设。

1.2.2.2　均等情景和概率情景

概率情景意图在长期实现预测短期完成的目标：正确地预言一系列未来可能发生的条件。因此，这些概率情景明确了不同结果出现的可能性大小。然而，这个过程类似于预测，可能无法发挥情景规划固有的灵活性优势。一般来说，情景不是概率或者代表未来最可能发生的条件，而是为了描述所有可能发生的结果，尽管结果发生的可能性极小。

在概率背景下使用情景的主要优势是情景成为他们描述和形容的约束。比如，如果一个可供选择的未来由一系列目前无法估计的条件决定，概率为 0 可以归结为这样一个不确定的结果。这是因为作为一个可能性的量化，概率值需要未来事件的相关因素，这些因素的计算实际上基于过去类似事件的统计数据。因此，人们一致认为：一系列情景一旦确定，每一个情景应该被视为均等的可能。由于只有最可能发生的未来情景在概率情景中被考虑，看似不太可能发生、确实存在的极端事件类型将被忽略。因此，如果一个概率极低的事件发生了，这些概率情景将对这样一个未来事件的应急管理没有贡献。然而最令人惊奇的是，情景所提供的管理信息最终可能会成为最有用的。万能情景使管理者更加自信地应对新条件下可能出现的突然变化。平等分配每一个计划情景发生的可能性将促使决策者认真考虑每一个情景各自的影响，没有偏见。

1.2.2.3　情景分析和敏感性分析

这里描述的情景不应该与文献中广泛引用的敏感性研究相混淆。敏感性分析是指当系统中的其他因素均保持不变时评估一个特定因素变化（如温度）如何影响输出结果（如河流）。所有影响因素均不变化的输出结果通常叫作基线。虽然敏感性分析提供了一个决定组件变量影响的系统化方法，但是每个敏感性实验不可能模仿真正代表真实和可行的系统条件。在情景数量尽可能少的前提下，产生能够明显区分的不同情景。从本质上找到完全不同的情景，用一组情景描述系统未来可能的现实表现，这比敏感性分析更适合管理和规划。此外，在敏感性分析中，一个单一变量逐渐变化，往往会产生大量的仿真结果。

1.2.2.4 动态情景和情景实验

一些研究以变量随时间变化的好、坏、平均水平（如高温、中温、低温）作为情景，然而这些情景只是相对于基线的变化，与灵敏度分析方法类似。情景方法预测高、中、低不会增加重要的新知识，利用单一维度和主观概率创建三个可能的未来结果在概念上类似于预测。"情景实验"这个词将被用于以后的章节中，以研究处理基线情景的变化。在更一般的情况下，情景代表一组多层面的变量，系统中具有贡献的组件均被描述，通过模拟可能和可行性变化。因此，在一个情景中，系统因素的改变是同时的，是动态变化的反射。

1.3 情景的类型

文献中，情景的分类方式有许多种，几种主要的情景类型如图1-2所示。

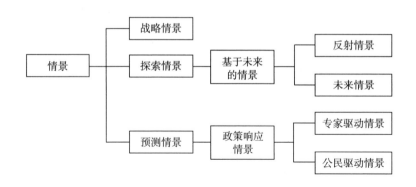

图1-2 情景分类

战略情景是建模者和研究者普遍采用的方法，其目的在于通过不同的学科知识识别方法中的矛盾来描述复杂系统中的组件。战略情景的重点是每一个学科的假设、模式和数据选择。

探索情景（也称为未来预期或无约束）是通过已知的变化过程和过去的推断描述未来。面向未来的情景进行本质上的探索，且基于趋势、预测和模式进行推理。然而它们只是简单的应用，简单到不允许识别所有可能影响未来的相关政策。通常在历史规则研究中，基于未来的情景要么是主体的客观反射，要么是未来的预测。反射情景利用过去一段时间的经验表达其随时间变化的趋势，而未来情景通过过去变量的显著变化预测即将到来的变化。

预测情景（也称为规范性、未来回顾或约束）是对未来可能达到结果的期望或担心。该方法利用过去或未来可能的条件，带有一定主观性地创建情景。按照预测情景的方式，政策响应情景是基于关键问题和情景概述来进行政策决定，并与期望的政策进行比较。因此，这种情景经常出现在政府和组织决策中，用于更好地理解和管理风险。政策响应情景分为专家驱动情景和公民驱动情景两种类型。专家驱动情景利用科学知识建立未来条件模型，这些知识来源于科学调查人员和领域专家建立的决策、规则、目标和标准。这类情景方法的优点包括整合当前对未来变化的思考、广泛吸收各种相关信息及建立基于科学共识的能力；缺点是主观性和政策合理性可能导致偏见。公民驱动情景引入利益相关者制定关于未来的假设。他们通常比专家驱动情景能够更大地驱动政策的合理性和公众的可接受程度，因为利益相关者积极地参与到情景的计划和开发过程中。然而，由于只有最活跃的公民才会参与到其中，他们可能包含偏见。

本书所设计的自然灾害情景是探索情景和预测情景两者的结合。

1.4　自然灾害情景态势推演机理分析

1.4.1　自然灾害情景界定

情景既是自然灾害链情景态势推演路径挖掘的前提和依据，也是自然灾害预测和决策的前提和依据。从不同的角度出发，情景界定的方式不同。根据自然灾害发生过程的原理性机理，情景可以分为发生情景、发展情景、转化情景和消失情景；根据灾害发生的时间顺序，情景可以分为初始情景、中间情景和结束情景；根据自然灾害情景的因果关系，情景可以分为前因情景和后序情景，其具体界定内容如表 1-2 所示。

表 1-2 自然灾害情景界定方式

标准	分类	概念
原理性	发生情景	使灾害从潜伏期由隐性状态向显性状态转化的情景
	发展情景	在发生情景自身属性的影响下结合外界环境，使灾害进一步扩大的情景
	转化情景	随着发展情景的不断扩展，借助情景之间的关联作用，在时间或空间上进行蔓延，形成连锁式、扩散式、循环式衍生情景
	消失情景	灾害主体在自然灾害结束后所处状态
时间顺序	初始情景	自然灾害发生时所呈现的态势，即发生情景，亦指一个情景发展前的基础情景，亦可指发展情景或演化情景中的某一情景
	中间情景	中间情景是初始情景经过自身演变以及外界干扰所达到的一种中间状态，这种状态往往面临着关键决策点
	结束情景	结束情景是突发灾害应急处理结束时所处的状态。它可能是由于时间限制而强制中止的状态，也可能是由于灾害按自身发展规律逐渐消亡，直至其所造成的后果达到决策主体所能容忍的范围之内
因果关系	前因情景	在自然发展和自身特性作用下，由前一情景导致后一情景发生，而形成一定的因果关系，其中前一情景是导致后一情景的原因，因此称为前因情景；后一情景是前一情景产生的结果，称为后序情景
	后序情景	

资料来源：笔者根据相关资料整理所得。

1.4.2 自然灾害链情景态势的推演过程分析

根据不同分类方式情景界定可知，发生情景亦是灾害的初始情景，消失情景亦是灾害的结束情景，而灾害蔓延、转化的过程统称为中间情景，根据灾害影响主体性质不同，进一步划分为发展情景和转化情景，其中发展情景是指灾害在同一灾害性质或同一目标主体内扩散，如台风灾害下电网情景发展；转化情景则使灾害产生了本质性的改变，如台风灾害转化为暴雨灾害，暴雨灾害进一步衍生为泥石流灾害。各种情景之间不是孤立存在的，而是由一定的关联关系相互连接，且具有方向性，若用带箭头的图形表示，无箭头的一方为下一情景的前因情景，带箭头的一方为上一情景的后序情景，之间形成因果关系，自然灾害链情景态势的推演过程如图 1-3 所示。

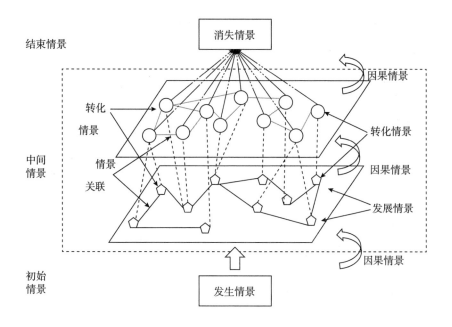

图 1-3　自然灾害链情景态势的推演过程

1.5　自然灾害链情景态势推演体系框架

1.5.1　自然灾害链情景态势推演路径分析

自然灾害链情景态势推演路径分析内容主要包括自然灾害情景、推演方式及演化发生的可能性大小，形成〈情景描述（S），推演路径（W），概率值（P）〉三元组，因此，自然灾害链情景态势推演的所有路径可表示为集合 $D=$〈S，W，P〉，一条推演路径为 $d_i=\langle s_i, w_i, p_i \rangle$，从系统状态的角度，用致灾因子（$H$）、孕灾环境（$E$）和承灾体（$L$）描述情景 S，表示为三元组 $S=\{H, E, L\}$，其中 H 是一个由致灾因子属性状态构成的向量，表示为 $H=\{h_1, h_2, \cdots, h_n\}^T$，$T$ 表示当前属性集合适用的时间条件，自然灾害链中的致灾因子通常为某一种灾害类型，按照灾害性质，可以将其划分为气象灾害、地质灾害、海洋灾害、生物灾害等；同理，E 是一个由孕灾环境属性状态构成的向量，表示为 $E=$

$\{e_1, e_2, \cdots, e_n\}^T$，而 L 是一个由承灾体属性状态组成的向量，表示为 $L=\{l_1, l_2, \cdots, l_n\}^T$。

根据情景描述 S 内部组成元素和关联方式的不同，自然灾害链情景态势推演路径可以分为组合推演、转化推演和映射推演三条，如图 1-4 所示。

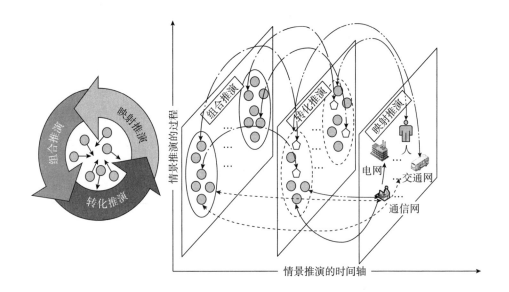

图 1-4　自然灾害链情景态势推演方式

组合推演（Co）指原生灾害的叠加作用，主要强调时间的纵向发展，是静态的，即同一时间段内，存在两种或两种以上类型的自然灾害，灾害之间为关联关系，而非因果关系，如"台风+暴雨"就属于一种组合情景，从集合论的角度出发，即同时存在两种致灾因子，表示为 $<h_i, h_j>^T$。

转化推演（Tr）是在组合推演的基础上，从时间横向发展的角度出发，即从动态的角度，研究当组合要素达到一定的临界值时，自然灾害由一种类型演变为另一种性质不同的自然灾害，灾害之间表现为因果关系，如"暴雨→泥石流"是由于暴雨情景及其属性导致泥石流情景发生，从而使致灾因子发生的转化，表示为 $h_i^{t_1} \rightarrow h_j^{t_2}$。

映射推演（Mp）是致灾因子至承灾体的映射过程，研究内容由致灾因子的变化转向致灾因子对承灾体的影响，考虑承灾体在灾害推演过程中的作用，即 $<h_i, l_j>^T$。自然灾害承灾体主要有两大类：一类是人，另一类是受灾地区内的关键基础设施，这两类承灾体破坏，将导致较其他承灾体更严重的后果。除此之外，承灾体受到致灾因子的损坏，由于其内部的关联作用，还可能引发难以预料的级联反应。因此，映射推演是一个更加复杂的推演过程。

1.5.2　自然灾害链情景态势推演架构

自然灾害预警模型的主要思想是基于历史事件和经验规则，根据一定的情景信息，对未来可能出现的灾害事件进行推断，为决策人员了解事件、分析事件、有效进行决策应对而服务。也就是说，从历史经验中找出潜在的、不为人们所熟悉的一些规律，而这些隐形规律的寻找一般依靠数据挖掘技术，结合机器学习技术将这些规律融入到模型当中，之后将目标主体内外部情景信息输入到模型中进行预测。基于自然灾害的情景特征和演化规则，自然灾害情景推演预警体系主要包含危机监测、推理规则设置、案例库构建三个方面，如图 1-5 所示。

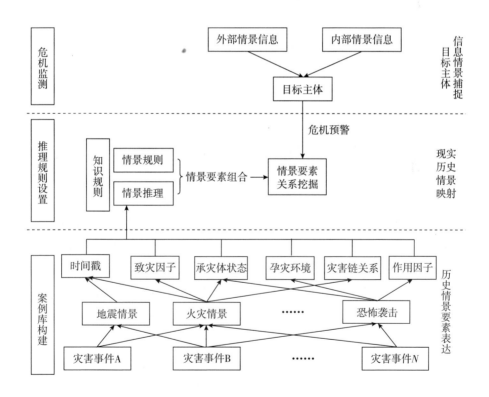

图 1-5　自然灾害情景推演预警体系框架

一是案例库构建，历史突发事件情景规范化描述。在"情景—预警"体系中，情景要素是预警的重要依据，而情景要素推演规则来源于历史事件和经验，规则获取关键在于历史情景要素描述，因此，搭建全面、有效的自然灾害案例库是进行有效预警的第一步。案例库信息组成根据其划分方式不同，可以分为突发事件、情景和情景要素三个层次。其中，突发事件是对案例的整体描述，信息比较简单、扼要；情景则是从动态视角研究，由突发事件衍生出来的，根据事件发生、发展的空间，涵盖了与突发事件相关的自然、社会、组织等结构因素和人的知识、经验、心理等感知驱动因素，具有本质不同却发生在同一突发事件过程中的特点；情景要素则是从静态视角研究自然灾害，认为是一种对不确定环境中自然灾害在某一具体时间片段上的属性状态描述，对应着突发事件在不同时空节点上的集成表现，是对情景更加详细的描述，一般情景 S 由〈时间戳，致灾因子，承灾体状态，孕灾环境，灾害链关系，作用因子〉六元组表示，其中每一种情景要素又由多个指标属性组成。

自然灾害案例信息主要表现为网页的文本模式，所获取的信息通常都是零散、异构的，很难直接应用于情景要素之间关联规则挖掘，因此，本阶段的主要任务是将突发事件案例从信息集成和知识转化的角度进行规范化处理。

二是推理规则设置，根据当前情景要素组合推演目标主体下一时刻运行状态。通过案例库中现有信息结构，运用数据挖掘的方法，分析情景要素在事件过程中的推演变化情况，体现情景要素之间的关联作用，并按照时间序列将情景要素串联成情景序列来描述事件发展和应对过程。案例描述过程中，同一情景中所包含的前后情景在自然发展和应对措施作用下形成因果关系，分别称为前因情景和结果情景，其之间的作用关系可以分为四种类型：①前因情景与结果情景是一对多的关系，即一个前因情景在作用因子作用下变迁为多个结果情景，如火灾中，大火情景可能同时导致危险设备爆炸和房屋倒塌等多个情景；②前因情景与结果情景是多对一的关系，即多个前因情景在情景作用因子作用下共同变迁为一个结果情景，例如，将恶劣的气候环境和输电线路老化作为两个前因情景，它们在情景作用因子作用下导致一种灾害情景；③前因情景与结果情景是多对多的关系，即多个前因情景在情景作用因子作用下共同变迁为多个结果情景，如大风、暴雨以及山体、植被破坏等作用下可能同时导致洪涝、泥石流等多种灾害情景；④前因情景与结果情景是一对一的关系，即直接由一个情景导致另外一个情景产生，如石油管道爆炸直接导致该条管道失灵。

三是危机监测。对自然灾害进行预警，需要在目标主体上设置多个情景指标监控设施，实时反馈目标主体当前运行信息，包括外部情景信息和内部情景信息两个方面，一旦现实情景要素达到异动发生的临界值之前就开始进行预警，为决策人员争取时间进行应对准备。外部情景信息指目标主体外环境信息的改变，如自然条件、地理条件、人为条件等；内部情景信息指系统内部正常运行时所反映的各项指标，如系统运行参数的改变。

1.6　自然灾害风险管理

1.6.1　台风灾害风险管理

台风是指发生在热带洋面上具有暖中心结构的强烈气旋性涡旋（热带气旋），就是在大气中绕着自己的中心高速旋转，并向前移动的空气涡旋，在北半球作逆时针旋转，在南半球作顺时针旋转。台风是一种发生频率高、影响严重的自然灾害，是当今社会生存和发展所面临的一个重大挑战。台风在给陆地带来降温、降水、增加淡水等好处的同时，也给广大地区尤其是我国东部沿海地区带来了一定的损失。依据世界气象组织（WMO）所属的台风委员会等编制的台风气候变化评估报告的统计，由于台风经过时常伴随着大风和暴雨天气，其所到之处常导致一定范围内的地区出现极端天气，全球每年发生的台风灾害平均会造成20000 人死亡的人员损失以及 100 亿美元以上的经济损失。

受全球气候变化所致，较之前相比，极端天气范围增大、持续时间加长、造成的损害更大。我国应对极端天气事件造成的损害的能力还有所欠缺，主要体现在以下几个方面：一是基础设施方面，各类基础设施设计时都有考虑防台风，但是也存在财力、设施老化等问题；二是预案方面，受人力、精力、能力限制，防灾减灾部门预案缺少规范性的指导；三是指挥方式方面，当前的指挥方式介入过早、部署会议长、内容类似，影响落实，此外指令又过于具体，缺乏灵活性；四是群众方面，部分群众在财产与可能的危险中选择前者，迫使地方政府花费大量精力、物力以及通过强制措施要求他们撤离。

台风产生的影响以及应急预测一直以来都是社会各界普遍关注的热点和难点问题，出现了多项学术研究和分析探讨，并且成立了一些台风研究所等组织机构。由于台风的复杂性，很难对台风做出相应的、合适的预测。将大数据技术应用于台风灾害预测可以解决传统的统计模型中如台风数据分析的数据数量过少、对台风造成的影响统计不全面等问题对预测结果产生的影响和不足，给台风灾害预测带来新的可能。

鉴于台风灾害的破坏性，不同学者从不同的方向展开研究，主要分为以下几个方面：一是次生衍生灾害，如台湾的台风导致的福建暴雨，台风对降雨的影响；二是台风预测，如基于耦合遗传算法、混合机器学习模型、模拟退火算法；三是台风应对能力，如评估社区对台风的应对能力、台风主管部门减灾能力、台风灾害下电网恢复能力、台风对海上风力发电机的影响；四是综述性文献。

本书根据台风灾害的时空特点，利用大数据技术优化传统的数值统计型预测模型。首先，利用 Python 技术爬取台风灾害数据，采集 2009~2019 年对中国造成影响的台风数据资料，主要包括编号、每六小时台风中心位置的经纬度、风速、移向、中心气压等信息，并对其进行汇总、归纳、整理。其次，构建台风灾害预测循环神经网络模型，并根据模型评价指标对每个预报因子进行误差分析。最后，通过用例分析，对台风强度、台风位置、台风趋势进行分析，发现拟合性较好，与实际相符。

1.6.2 洪涝灾害风险管理

中国是洪水灾害发生最频繁的国家之一，随着社会的发展，虽然能够准确地预测各种气象灾害的发生，但是水火无情，各种气象灾害的频发在一定程度上阻碍了社会的发展，随着全球气候的持续升温，导致冰川融化，降水更频繁，从而导致洪涝灾害越来越频发，人们的生活受到了很大的影响。洪涝灾害占总灾害的40%，在受灾人数和财产损失上也是最多的，在世界的一些重大自然灾害中，洪涝灾害已经成为自然灾害中造成损失较高的灾害。

洪涝灾害呈现的特点之一是强降雨过多，灾害性强。洪涝对人最直接的危害是会产生人员伤亡，导致许多人失踪；房屋损坏倒塌，很多灾民流离失所；田地因积水过多导致庄稼损坏，造成巨大的经济损失。间接危害包括人们生活环境和生态环境的变化，如水源卫生、灾区人们的食品健康等。

由此可见，洪涝灾害已经成为人们生活发展的障碍之一。虽然随着科技的发展，人们获取信息的方式增多，可以通过网络获取气象资料，但是人们对于洪涝的认识也在逐渐下降。现阶段对于洪涝的预测和预防虽然有一些成果，但是随着城市化的发展，城市热岛效应加剧强对流天气频发，气象预测越来越难预测，各种因素的交织增加了应急预测和管理的难度，所以增强抗洪减灾的能力十分重要。

在过去的几十年里，人类不断受到自然灾害的侵蚀。全球变暖导致的洪水灾害频率逐年增加，占自然灾害的44%（王喆等，2023），并带来巨大损失（Aerts et al.，2018）。1967年11月25日和26日的洪水事件是近几个世纪以来影响葡萄牙最致命的风暴，造成500人死亡（Fernández-Nóvoa et al.，2023）。2017年，斯里兰卡农村的严重洪水造成177人死亡（Karunarathne and Lee，2020）。2013年6月，北塔拉干邦发生山洪，造成近5700人死亡，11万人被困，并造成该地区停电，推迟了偏远地区的救援工作（王伊等，2023）。洪水灾害对经济、社会和生活环境造成了严重影响，是人类面临的主要挑战之一，已成为地方政府治理的首要目标。不同地区的文化差异导致不同政府的行政权力和效果不同。

洪涝灾害作为一种自然灾害，其演化周期可分为七个部分：洪涝影响、响应、恢复、发展、预防、缓解和备灾。自然灾害风险量化是目前研究的热点之一，既可以是一种算法，也可以是一种属性。有学者利用随机森林建立洪涝灾害风险评价模型，得出最大3天降水量（M3PD）、径流深度（RD）、台风频率（TF）、数字高程模型（DEM）和地形湿度指数（TWI）对洪涝灾害风险评价的关键作用。标准化降水指数也可以评价和预测洪涝灾害。一种局部空间序列长短期记忆神经网络（LSS-LSTM）用于洪水易感性预测。此外，系统动力学（SD）、Agent-Based Modeling（ABM）、复杂网络理论（CNT）、结构方程建模（SEM）、基于加权聚类的风险评估、层次分析法（AHP）、隐马尔可夫模型用来捕捉不同灾害的影响和级联性。弹性和脆弱性是常用的评估属性。弹性是指系统对短暂干扰、冲击或长期变化和不确定性做出反应的能力。弹性在灾害管理中的应用始于20世纪50年代，可以从社会结构、社会资本、社会机制、社会公平和社会信仰五个维度来看待。有学者通过提取46个指标对应的16个特征，建立评价框架。弹性也可以分为"抵抗—适应—恢复"三个阶段。脆弱性也是常用的评估属性之一，洪水灾害的风险往往通过衡量受灾国不受灾害影响的能力来体现。脆弱性代表了一种与环境条件、社会规范和社会政治环境、智谋和权利交织在一起的幸福状态。随着科学技术的进步，通信技术、物联网技术等新兴技术也在灾害管理过程中得到应用。地理信息系统（GIS）可以对大规模洪涝灾害进行标记，为灾害疏散和救援提供支持。基于机器学习的无人机可以通过图像识别洪水灾区，并准确地向受灾地区运送救援物资。用于洪水灾害监测的无线传感器实现对灾害的实时控制。有学者将水文数据挖掘、机器学习（ML）和多准则决策（MCDM）作为智能报警和预防系统进行耦合。

上述研究对洪水灾害风险评估理论的发展起到了积极的推动作用。基于上述研究成果，本书将随机森林与 XGBoost 算法相结合，利用大数据技术提出了一种新的洪水灾害风险评估方法。首先，建立基于 XGBoost 算法的洪水灾害风险评估模型。灾害科学领域的专家提出灾害系统包括三个模块：灾害形成环境、致灾因素和受灾体。根据文献数据选取这三个方面对应的灾害指标，采用随机森林模型选取重要性较高的灾害指标，采用 XGBoost 算法建立模型。其次，将所选灾害指标的重要权重及相应数据代入公式，得到洪涝灾害综合风险系数。再次，以中国南昌市为研究对象，使用 Python 技术抓取数据并进行预处理。给出了一个用例来验证所提出方法的有效性和合理性。最后，总结并提出未来的研究方向。

1.6.3　地震灾害风险管理

人口增长、经济进步、科技发展在促进社会进步的同时，也在逐渐改变自然界与人类社会之间的交互方式，加大了资源利用的广度和深度，从而引发日益加深的环境矛盾，致使自然灾害给人类社会带来损失，如何理解自然灾害风险和区域自然灾害评估具有重要意义。地震灾害属于高发性灾害，常发生于陆地构造块边界带，特别是东南亚地带，是最具破坏性的自然灾害。地震引起地面震动，还可能导致火灾、海啸、山体滑坡等其他次生衍生灾害，使人们遭受了巨大的生命威胁和经济损失。2008 年，汶川地震造成直接经济损失 8451 亿元人民币，至少 69227 人遇难、17942 人失踪、374640 人受伤，并造成多处泥石流、山体滑坡以及堰塞湖和水库受损造成的洪涝威胁。2010～2013 年，Kizimen 火山爆发产生多次准周期性的低频地震（Shakirova and Chemarev，2023）。2011 年，日本大地震造成的经济损失高达 2350 亿美元，至少 15875 人死亡、2725 人失踪、26992 人受伤，并引起海啸，导致严重的核电站爆炸和核泄漏，波及太平洋地区多个国家（Smit et al.，2019）。2017 年 11 月 15 日，韩国浦项发生 5.4 级地震，这次地震是韩国有记录以来的第二大地震，多处关键基础设施被损毁（Kim，2023）。2022 年 6 月 21 日，阿富汗—巴基斯坦边境地区发生里氏 6.2 级地震，据报道，此次地震造成 1339 人死亡，成为 2022 年死亡人数最多的地震（Kufner et al.，2023）。不仅如此，灾害过后，由于惊吓、恐慌，还会对人们产生一系列的心理影响（Bertinelli et al.，2023；Tsai and Hirth，2020）。综上所述，有效的防灾、减灾工作对维持社会稳定，保证社会的可持续发展具有重要意义。

　　自然灾害作为一门学科，已经形成产生机理、机制和动态、风险评估、预报、监测以及预警、减灾、应急处置和救援、风险管理和灾后重建一整套完整的体系，地震灾害的研究也积累了丰富的成果。针对地震灾害风险评估，多应用贝叶斯方法应对灾害过程中的不确定性，或者推理出地震灾害发展趋势，而随着图像识别技术的发展，还可以利用灾害标签和位置，结合 K-均值算法数据模型，通过局部兴趣点的图像匹配改变识别自然灾害造成的损害。如何划分地震灾害等级通常采用 K-均值聚类方法和 XGBoost 方法。鉴于神经网络的发展，机器学习方法在地震灾害预测中也有良好的表现。上述研究通过数学模型衡量地震灾害风险，利用性能指标侧面反映灾害风险也是一种新的思路，如脆弱性。除了风险评估，如何有效预测地震灾害也是学者研究的重点领域，准确的地震预报是解决问题的关键，如机器学习模型。还有学者在风险评估过程中将研究对象从致灾因子转为承灾体，认为灾害风险主要来自承灾体应对能力的不足，提出地震发生后，关键是城市抵御自然灾害能力和如何制定有效的应对措施。其中，医疗设施的位置和数量是有效应对的主要指标。承灾体的种类繁多，如建筑工程、关键基础设施、水库、电力系统、桥梁，任何承灾体，其抵御自然灾害的能力除了和自身材料有关，还取决于系统架构。

　　上述研究对于地震灾害的发展起到积极的推动作用，但是在研究过程中，将经济损失风险作为风险评估指标的研究较少，并且研究结果通过简单的算例分析可信度较低。本书将大数据技术应用于研究过程中，利用决策树回归模型，将地震次数作为自变量，将伤亡人数作为因变量，对不同地震震级所造成的人员伤亡进行了预测，由可视化结果得知各震级地震造成人员伤亡的数量，震级越大，其造成的人员伤亡数量越多，则其造成的风险就越大。采用拟合决策树回归模型，对不同震级地震所造成的经济损失进行了风险评估与预测分析，发现震级越高，社会经济损失越严重，也可知地震震级越高，对社会经济造成的风险越大。使用线性回归模型对近十年地震的灾害次数和人员伤亡数进行分析，并在此基础上预测了 2021 年的地震灾害次数和人员伤亡数①。

1.6.4　大数据技术在自然灾害风险管理中的应用

大数据是用来描绘随着信息爆炸产生的海量数据及与之相关技术的概念。狭义上的大数据指海量数据的集合，其规模甚至大到靠传统技术和软硬件工具无法以可容忍的速度对其进行感知、获取、管理和处理；广义上的大数据则更代表着与海量技术相伴而生的各种技术，以及从海量信息中快速获得有价值信息的思维和能力。根据《大数据时代》的作者维克托·迈尔-舍恩伯格的观点，大数据追求的是全体数据样本而非抽样，突出的是相关性而非直接因果关系。这种观点对于研究复杂的自然灾害有积极意义：一方面，复杂的自然灾害影响数据量大且类型多样，非大数据不能囊括；另一方面，自然灾害链很长并且所造成的社会影响分散，多数情况下并非直接的因果关系，而是体现为某种并不十分显现的关联性。基于这样的思考，本书在大数据理论和技术的背景下，提出台风灾害、洪涝灾害、地震灾害的预测方法，对于防灾减灾工作具有重大意义，主要体现在以下几个方面：

一是完善台风应急预测理论体系。自然灾害是制约社会发展的现实问题之一，是各类统计预测的对象，台风灾害既是其中的重要表现形式之一，也是影响我国最严重的自然灾害之一，具有季节性强、破坏力强、波及面广、防范困难等特征，每年的台风在为陆地带来丰富降雨量的同时也造成了巨大的人员伤亡和财产损失，因而及时分析和预测台风灾害的程度就具有重要的研究意义。应加强大众对台风灾害理论的认知，促进大众了解台风灾害、识别灾害风险、增强防范台风意识，进而自发地提升避险自救的能力，使大众在台风到来时更有可能去保障自己的人身安全和财产安全。此外，本书可以为防灾减灾部门提供帮助，基于大数据的台风灾害应急预测方法研究将为台风灾害的统计预测提供依据和支撑，提升台风灾害应急处置速度，使相关防灾减灾部门相应准备更完善，减少人员、财产的损失。

本书将传统意义中"预测"拓展到"现测"。现测就是用当下预测当下，分析过去来预测未来是大数据与传统数据分析的最大不同。本书增强了表征数据能力。由于数据越来越多元化发展，海量的数据内部隐藏着丰富的知识和巨大的价

---

① 使用模型对 2021 年的相关数据进行预测，得出预测值，从而与 2021 年的真实值进行对比分析。

值等待去探索和发现，以往传统简单的数理统计方法已经不能满足人们对于海量数据的处理需求，利用计算机的强大算力，结合统计学、人工智能等技术对数据进行挖掘是当今时代的主流。本书具有直观的分析结果。运用统计分类的方法，根据统计的需求，对统计的客体分类，可以将获得的数据直观地展现出来，并在建立模型后依据模型评价指标分析误差大小，以便结果的直观体现。

二是及时评估洪涝灾害，评估洪涝发生前和洪涝发生时的损失，及时为气象灾害相关部门提供参考；对灾后数据进行审核并指导救灾的重点方向和评价防洪减灾措施的经济效益，量化防洪工程措施所发挥的作用，尽可能地减少人们的经济损失，并及时提醒有关部门提前做好准备措施；通过有效的评估，减少中国洪涝灾害发生的频率，从而减少由洪涝灾害造成的直接经济损失，从而增强全民防洪的意识，更好地认识自然和利用自然，为人类造福。

通过对洪涝灾害的分析和评估，减少因洪涝灾害造成的人口失踪、房屋倒塌、庄稼损害等；通过对洪涝灾害的评估预测结果，从自然和社会方面评估洪涝发生的重点地区并研究减灾方法，加强防洪机制的建立；通过直观数据并进行准确的风险评估，让人们更加清晰地意识到洪涝的危害和治理洪涝的必要性，并提前做好相应的防洪措施。

三是通过对地震风险评估的研究，可以提前发现潜在地震危险区域，及时采取预防和应急措施，保障公众的生命安全和财产安全；可以帮助政府和相关企业解决地震对基础设施建设和经济运行所带来的风险和隐患，降低灾害损失，推动地区经济和社会的发展；可以为城市和区域规划提供科学的数据和依据，帮助政府和城市规划者进行灾害风险分析，制定合理的城市规划和土地利用政策，以减少灾害损失，并提高城市的可持续发展。

自然灾害发生时，尤其是发生地震时往往会有众多安全问题。对地震的风险评估与预测是为了评估特定区域内地震发生的可能性以及对该地区造成影响的潜在风险；为了保证人民群众在地震时的安全，需要对地震灾害的风险进行分析；为了加快在地震时的救援，通过地震风险分析得知其主要影响因素，做出快速调整；为了确保灾后可以稳定人民群众的紧张情绪，结合当地的实时数据分析结果，引导群众尽快恢复正常生活。

图1-6展示了自然灾害风险管理框架。

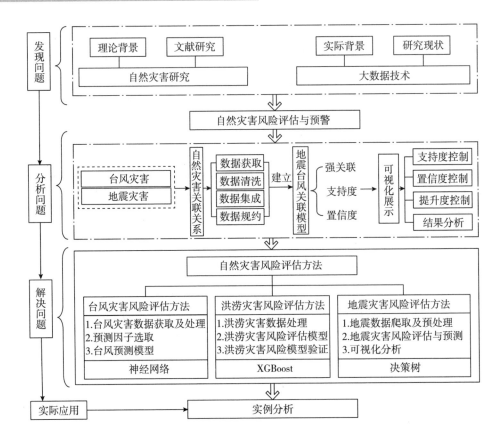

图 1-6　自然灾害风险管理框架

第 2 章　基于大数据的自然灾害应急知识图谱构建方法研究

2.1　知识图谱及其架构技术

2.1.1　知识图谱的定义

知识图谱是一种语义网络，可以以符号的形式对概念和相互关系进行描述，是一种结构化的语义知识库。它通过数据挖掘、信息处理和绘制图形等手段，简洁、直观地展示知识领域。

知识图谱主要包括三个节点：实体、概念以及属性。其中，实体表示具体的事物，是图谱中最基本的要素；属性可以将概念进行区分。在大部分情况下，知识图谱会采用基于三元组的知识表示方法，以"实体—关系—实体"以及"实体—属性—属性值"作为基本组成单位，将实体与关系进行关联，并以网状的知识结构进行表示。其中，节点表示本体，而边则由实体间的各种语义关系构成。

2.1.2　知识图谱的构建

知识图谱的构建方式主要为自底向上和自顶向下两种。自底向上是在开源数据中将资源模式进行提取，选择置信度偏高的加入知识库，再对顶层本体模式进行构建。自顶向下指的是先为知识图谱定义好本体与实体的数据模式，再将实体加入到知识库，该构建方式需要一些现有的结构化知识库作为其基础数据库。知识图谱构建流程如图 2-1 所示。

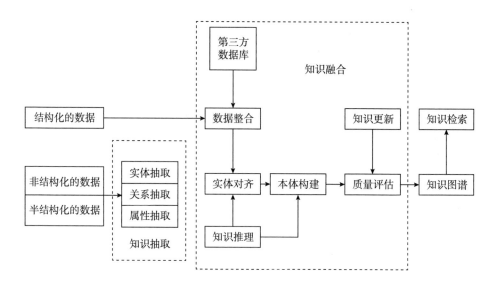

图 2-1　知识图谱构建流程

　　知识图谱在通常情况下会被分为两个部分：一是数据层；二是模式层。在数据层，知识以事实为单位，在图数据库中进行储存。而模式层是知识图谱的核心，居于数据层之上。对已经经过提取、精练的知识进行存储。一般会使用本体库来管理模式层。

　　知识图谱的关键技术有以下几方面：知识抽取、知识融合以及知识存储。知识抽取包括对实体、关系以及属性进行抽取。对于实体抽取，可以采取基于规则与词典的方法，在单一领域对实体信息进行识别；也可采用基于统计机器的学习方式对实体进行抽取，这种方式适用于规模较大的数据；还可以采取面向开放域的实体抽取方法，对于全网的有效信息进行抽取。关系抽取则是将实体间的关系或属性值与实体之间的关系进行抽取。关系抽取的方法有很多如基于深度学习的关系抽取方法和基于传统机器学习的关系抽取方法。属性抽取则是对实体的属性关系进行获取，与实体、关系密切相关。因此，可以通过实体属性与属性值之间的关系，对属性进行挖掘，从而获取属性值。

　　知识抽取后，可以进行知识融合。知识融合可以将不同来源的知识进行整合，剔除具有歧义、错误、重复或不清晰的知识。经过知识抽取与知识融合的步骤之后，可以得到一系列事实的表达。对于所获取到的知识，还应进行一定的加工，对于所需的本体进行构建，基于逻辑图，对实体之间的关系进行推理。

知识融合后，需要选择合适的方式对相关知识进行存储，即知识存储。知识存储的方式主要分为基于表结构的存储和基于图结构的存储。基于表结构的存储是指运用二维的数据表对知识图谱中的数据进行存储，这种方式的优点是简单直接、易于理解，缺点是整个知识图谱都存储在一张表中，导致单表的规模太大，相应的插入、删除、查询、修改的操作开销也大，对实用性大打折扣。复杂查询在这种存储结构上的开销巨大，需要拆分成若干个简单查询的操作，降低了查询的效率。基于图结构的存储即使用图模型描述和存储图谱数据，这种方式能直接反映图谱的内部结构，有利于知识的查询，结合图计算算法，进行知识的深度挖掘与推理。知识存储的对象包括基本属性知识、关联知识、事件知识、时序知识和资源类知识等。

2.2　自然灾害数据获取

2.2.1　自然灾害数据来源分析

由于灾害领域知识来源众多，和其他领域的知识会有部分重叠和交叉。在通常情况下，自然灾害领域知识可以分为三类：第一类为结构化数据，如统计相关灾情的数据库；第二类为半结构化数据，如自然灾害领域行业网站等；第三类为非结构化数据，如自然灾害相关的专业文献资料等。

国内外关于自然灾害的网站有很多。本节整理了部分可以获取相关自然灾害数据的部分网站。自然灾害数据来源相关网站如表 2-1 所示。

表 2-1　自然灾害数据来源相关网站

网站名称	网站地址
中国政府网	www. gov. cn
中国应急服务网	www. mazqam. com
中国气象局	www. cma. gov. cn
中国天气网	www. weather. com. cn
中国气象新闻网	www. zgqxb. com. cn
国家气象科学数据中心	data. cma. cn

续表

网站名称	网站地址
国家生态系统观测研究网络	www. cnern. ac. cn
国家卫星气象中心	www. nsmc. org. cn
国家气候中心	www. ncc-cma. net
中国地震局	www. cea. gov. cn
中国地震灾害防御中心	www. eq-cedpc. cn
中国地震台网中心	www. cenc. ac. cn
国家减灾网	www. ndrcc. org. cn
中国应急信息网	www. emerinfo. cn
黑龙江省气象局	hl. cma. gov. cn
黑龙江省人民政府网	www. hlj. gov. cn
黑龙江省应急管理厅	yjgl. hlj. gov. cn
黑龙江省地震局	www. hea. gov. cn
世界气象组织	wmo. int
国际地震中心	www. isc. ac. uk

中国应急服务网、中国政府网等这类自然灾害领域行业网页可获取半结构数据，本节将通过解析网页结构，设计网页元素模板匹配模型，可以使用 Python 技术进行设计，网页爬虫后，获取相关所需数据。

文本类的非结构化数据，如专业的文献资料等，同样是自然灾害应急知识图谱模式层构建的重要参考内容。为了获取自然灾害应急相关语义知识，更加方便直观地构建自然灾害应急知识相关信息，本节利用文献搜索引擎，设置检索关键字，进行相关文献的检索，从而获取较为全面并且有意义，可以用来进行分析的数据源。互联网拥有很多可以检索到相关数据的开放网站，文献检索网站如表 2-2 所示。

表 2-2　文献检索网站

网站名称	网站地址
全国图书馆参考咨询联盟	www. ucdrs. superlib. net
国务院发展研究中心信息网	www. drcnet. com. cn
国家科技图书文献中心	www. nstl. gov. cn
中国知网	www. cnki. net

网站名称	网站地址
万方数据库	www. wanfangdata. com. cn
读秀	www. duxiu. com
超星	www. chaoxing. com
EBSCO	search. ebscohost. com
百度学术	xueshu. baidu. com
中国国家图书馆	www. nlc. cn
谷歌学术	www. xueshu5. com

2.2.2　自然灾害数据的获取

在自然灾害应急领域中，灾害应急事件的特点十分复杂，如具有时效性、灾害数据量大、应急任务要求高等特点。各个实体之间具有繁复多样的关联关系。本节利用 Python 进行程序设计，实现对于自然灾害应急相关的网络信息爬取。本节对可获取到自然灾害应急相关数据的网站进行筛选后，选择通过使用 Python，对国家减灾网的网页数据进行爬取，从而获得可用的自然灾害与应急管理的相关数据信息。

2.2.2.1　自然灾害相关数据的获取

国家减灾网是由应急管理部国家减灾中心主办，是最具权威的应急行业门户网站，网站对于国家减灾的新闻动态、突发事件等相关信息进行整理后发布，发布信息及时并且准确有效。在网站首页中有多个与应急相关的导航菜单，如机构设置、业务工作、新闻中心、科普宣传、数据查询等。

在国家减灾网对所需数据进行爬取。其中，业务工作菜单下，可以点击该菜单下的二级菜单"最新灾情"，该网页对突发的自然灾害事件进行整理并发布。通过对该网页数据的爬取，可以获取自然灾害突发事件相关数据。该网站对于自然灾害应急事件的相关数据格式统一，方便进行爬取与整理。从中获取了 2016 年 1 月至 2021 年 1 月灾害事件共 700 余条，发布内容中包含灾害发生时间、发生地点、灾害影响等灾情相关信息。

通过使用 Python 进行相关程序设计，对国家减灾网网页上的数据进行获取的具体操作如下：首先创建一个 Excel 文档，置顶当前显示的 Sheet 对象，添加所需要的表头，对于需要爬取的页数进行设置。遍历详情页链接，再排除部分没有数据的表格，再将爬取的数据逐行写入表格。为了防止访问过于频繁导致网站响应失败，还设置了爬取间隔时间为 1 秒。最后将获取的数据保存到表格中。

通过以上步骤，本节可以获取自然灾害事件发生的地点、事件、灾害程度等数据。通过对爬取的数据进行分析、整理，可以获取构建自然灾害应急知识图谱的相关数据信息。使用 Python 爬取网页数据如图 2-2 所示。

```
import requests
from lxml import etree
from openpyxl import Workbook
import time
#创建一个工作簿对象，也就是创建一个excel文档
wb = Workbook()
#指定当前显示（活动）的sheet对象
ws = wb.active
#添加表头
ws.append(['标题','内容'])
headers = {
    'user-agent'; 'Mozilla/5.8'}
#更改页数
for i in range(1, 47);
    url = 'http://www.ndrcc.org.cn/zxzq/index.{}.ihtml'.format(i)
    response = requests.get(url_headers_=_headers)
    html = response.text
    #print(html)
    tree = etree.HTML(html)
    href_list = tree.xpath("//ul(@class='laws-list')/li/a[1]/@href")
    #print(href_list)
    #遍历详情页链接
```

图 2-2　使用 Python 爬取网页数据

为了方便数据处理，将使用 Python 获取到的自然灾害应急数据信息的结果以 Excel 工作表的方式进行表示与输出。

2.2.2.2　自然灾害应急相关语义知识的获取

获取自然灾害相关语义知识可以更好地对自然灾害应急知识图谱进行构建。通过查阅期刊、网上资料等收集有关的各类资料，对其进行适当整理。

使用国家科技图书中心的搜索引擎，对关键字"自然灾害""应急"进行文

献检索，共检索到 8930 条与关键字"自然灾害""应急"有关的信息。

使用读秀进行图书检索，对关键字"自然灾害""应急"进行精准匹配搜索，共检索到相关的中文图书 2569 种，用时 0.004 秒。

使用国务院发展研究中心信息网的搜索引擎，对"自然灾害""应急"进行关键词筛选，共获取到 35 篇记录，用时 0.064 秒。

使用中国知网的搜索引擎，对"自然灾害""应急"进行细致检索，共检索到相关文献资料 12507 条结果。其中，检索到学术期刊文献共 6166 篇，学位论文共 5019 篇，图书共 2 本，以及会议、报纸、成果等。

2.2.3　自然灾害数据的清洗

自然灾害数据信息种类多种多样，存储方式不同，因此获取到的自然灾害数据信息存在许多错误。后续可以采取数据清洗的方式，使获取的数据更加完整，节省后续数据分析的时间，减少数据分析后续的错误，使数据分析的结果更为准确。获取到的自然灾害数据是以 Excel 表格的形式进行表达的，可以更加方便、直观、简单地对获取到的自然灾害应急数据进行处理。

2.2.3.1　缺失值的处理

空白行的存在会对接下来的数据分析造成不良影响，于是使用 Excel 自带的删除工具，通过批量删除的操作对 Excel 的空白行进行删除。

删除空白行之后，依旧存在空白数据。空白数据由于缺失必要的信息，无法在后续的数据分析等处理过程中使用，同时空白数据在数据处理的过程中并不存在任何意义，并且会对后续的数据分析造成一定的影响，所以对于缺失值，同样需要使用数据清洗的方法进行处理。

由于自然灾害应急数据信息的文本特殊性、获取到的数据样本大并且自然灾害应急事件具有不确定性，无法使用模型计算来替代缺失值；同时获取到的自然灾害应急事件相关数据并非数值数据，无法使用平均数、中位数、众数等数学方法对缺失的数据进行填补。因此，对于缺失值，将采取直接删除且不进行填补的方式来处理。

使用 Excel 工具进行数据清洗。选中工作表。通过操作使用键盘上的 Ctrl+G 键，选择定位条件，在定位条件下选择空值，通过此方法，删除 Excel 工作表中带有缺失值的行。定位方法如图 2-3 所示。

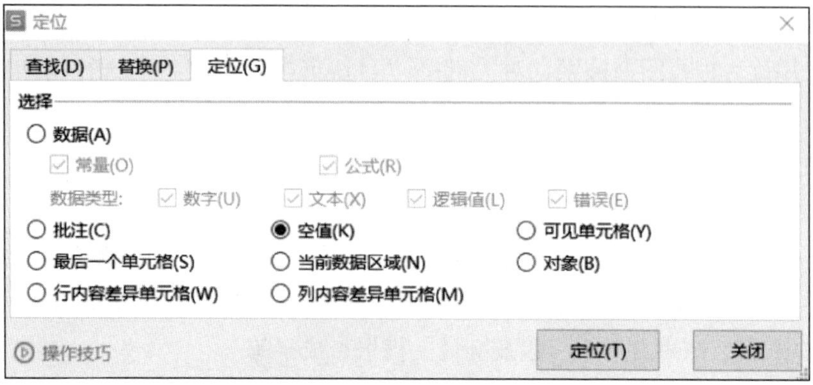

图 2-3　定位方法

通过以上操作，查找出的缺失值可以在 Excel 表中进行定位。使用 Excel 自带的定位功能后，可以将缺失值用特殊的深色底色与其他未缺失的数据进行区分。定位缺失值后，使用 Excel 工具，对缺失值进行清除。

根据以上步骤，可以对数据中的缺失值进行处理，为下一步重复值的处理提供方便。

2.2.3.2　重复值的处理

对数据的属性值进行判断，如果相等，则可以采用以下两种方式进行处理：一是将多条记录合并为一条记录；二是清除多条或一条记录。Excel 对于重复值的删除有以下几种方法：菜单删除法、条件格式标识法、高级筛选法、函数法等。

使用 Excel 自带的数据处理工具，可以对表中的数据进行重复值清洗。具体操作流程如下：①开始；②条件格式；③突出显示单元格规则；④重复值。若存在重复值，则重复值会以与正常数据不同的形式进行呈现。重复值清洗方法如图 2-4 所示。

对"标题"列进行重复值筛选。重复值以红色进行显示。对比相邻两条数据的异同，将红色部分进行筛选删除。

对获取的数据进行重复值清除之后，可以获取到所需要的自然灾害应急相关数据信息。获得的数据还需要进行拆分等方式的处理。

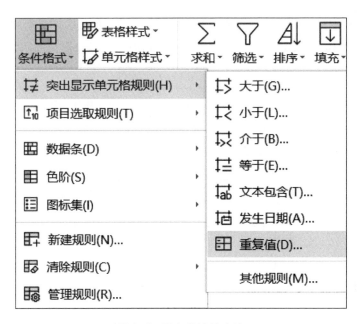

图 2-4　重复值清洗方法

2.2.3.3　单元格的拆分

　　首先，为了更加方便处理数据，将工作表中"内容"一列进行拆分。使用 Excel 表格拆分工具，将"内容"一列里的内容分别拆分为"时间""地点""灾害程度"等多个单元格。拆分后的 Excel 表中的数据更加清晰明了，方便更进一步地对数据进行处理、检验、分析。其次，对自然灾害应急数据进行清洗。最后，对数据清洗完毕的 Excel 工作表进行整理。可以得到构建自然灾害应急知识图谱所需的自然灾害应急事件数据信息，包括灾害事件的名称、灾害发生的时间（具体到分钟）、灾害发生的地点（精确到具体经纬度）、灾害程度（震级、震源深度等）等多种可用信息。进行数据清洗后，可以获得能够用来进行数据分析的自然灾害应急相关数据信息。

2.3　自然灾害应急知识图谱构建

2.3.1　自然灾害应急知识图谱的构建流程

　　自然灾害应急知识图谱主要分为两部分，分别为模式层和数据层。将数据层与模式层进行构建，随后，将构建出的模式层与构建出的数据层进行映射，最终可以构建自然灾害应急知识图谱。自然灾害应急知识图谱构建流程如图2-5所示。

图2-5 自然灾害应急知识图谱构建流程

2.3.2 模式层构建

通常情况下，构建知识图谱需要概念节点集合和概念关系边集合构成模式层。自然灾害应急知识图谱的构建过程中，需要表达各个自然灾害概念和自然灾害概念之间的关系。

使用先验知识划分各个要素进行概念层次关系，并对要素属性关系和概念间语义关系进行定义。自然灾害应急知识图谱的模式层构建主要需要四类核心要素，分别为自然灾害事件、灾害应急任务、灾害数据、模型方法。对它们之间的语义关系进行定义和表示。

模式层既是知识图谱的结构基础，也是知识图谱的主要结构。可以结合数据层，构建更加完整的关于自然灾害应急具体实证的基本理论框架。自然灾害本体语义关系如图 2-6 所示。

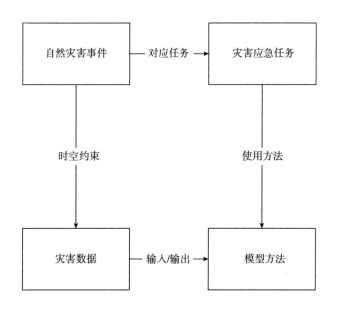

图 2-6　自然灾害本体语义关系

2.3.2.1　自然灾害事件本体

自然灾害事件本体能够统一描述自然灾害概念层次关系、属性关系和关联关系。自然灾害事件本体包括所有自然灾害事件概念的集合，还包括自然灾害事件之间语义关联关系的定义以及自然灾害事件的具体实例等。自然灾害应急情景主要本体概念如表 2-3 所示。

表 2-3　自然灾害应急情景主要本体概念

一级概念	二级概念
自然灾害分类	气象水文灾害
	地震地质灾害
	海洋灾害
	生物灾害
	生态环境灾害
基本属性	发生时间
	结束时间
	发生地点
	灾害类别
	……
灾情属性	人口伤亡
	房屋损毁
	农作物受损
	经济损失
	……
致灾因子	灾害频率
	灾害强度
	……
孕灾环境	地形地貌
	气象水文
	社会环境
	植被土壤
	动植物
	……
承灾体属性	种类
	暴露度
	数量
	……
灾害链	原生灾害
	次生灾害
	衍生灾害

自然灾害事件之间，通过语义关联关系进行定义，根据灾害系统理论，将自然灾害事件对象的语义关系定义为引发、衍生、并发、群发四种语义关系。灾情属性主要为人口伤亡、经济损失、农作物受损等。致灾因子主要为灾害频率和灾害强度等。孕灾环境主要为气象水文、植被土壤、动植物、地形地貌、社会环境等。灾害链主要为原生灾害、次生灾害和衍生灾害。承灾体属性主要有种类、数量等。根据以上内容，可以对自然灾害本体进行构建。

2.3.2.2　应急任务本体

应急任务本体包括灾害应急任务概念的集合、应急任务本身属性的定义、应急任务之间语义关系的定义与公理、应急任务的具体实例等。以灾害发生的过程为依据，应急任务的过程分为三个阶段，分别为灾前、灾中、灾后。这三个阶段均存在不同的应急目标和相应的应急任务侧重点。应急任务概念层次如表 2-4 所示。

表 2-4　应急任务概念层次

过程	目标	具体应急任务
灾前	预警、预防、备灾	风险监测、风险评估、灾害预警等
灾中	快速反应、应急处置	应急响应级别、灾中快速评估、应急救助资源配置与调度决策、转移安置决策、应急推演等
灾后	恢复重建、总结评估	灾情综合评估、恢复重建效果评估等

描述应急任务的属性时，其基本信息包含应急任务名称、具体描述、所处阶段和应急响应级别。以应急任务的执行过程为依据，得到应急任务之间的语义流程关系有四种，分别为前继、后继、循环、并行。根据以上内容，构建应急任务本体。

2.3.2.3　灾害数据本体

灾害数据本体可以将灾害数据的概念层次关系、属性关系和关联关系进行描述，灾害数据本体的内容包括灾害数据概念集合、灾害数据属性定义、灾害数据语义关系的定义与公理、灾害数据具体实例。根据以上内容，构建灾害数据本体。灾害数据本体相关概念如表 2-5 所示。

表 2-5　灾害数据本体相关概念

一级概念	二级概念
灾害数据类别	基础地理数据
	实时遥感数据
	社会经济数据
	历史灾情数据
	监测上报数据
	灾害信息产品
灾害数据基本属性	灾害数据名称
	灾害数据类别
	灾害数据获取事件
	灾害数据覆盖范围
	灾害数据描述对象
	灾害数据来源

2.3.2.4　模型方法本体

模型方法的基本要素、模型方法的本身属性、模型方法语义关联关系的定义与公理、模型方法的具体实例。根据现有的自然灾害灾情评估模型和方法体系中专家的先验知识，可以将模型方法的概念类别层次划分为四大类，分别为地理信息系统、遥感、统计分析、模型模拟，每一类又可细分子类。模型方法的基本属性由方法名称、类别、方法功能、方法描述、应用效果、验证区域等组成。模型方法的语义关联关系分别为方法关联度、名称相似度和功能相似度。方法关联度的计算为通过关联分析算法中的支持度与置信度来量化；名称相似度和功能相似度是从语义的角度计算文本相似度。语义相似度的计算公式如公式（2-1）所示。

$$S_{M(m1,\,m2)} = \frac{A \cdot B}{|A| \cdot |B|} = \frac{\sum_{i=1}^{n}(A_i \times B_i)}{\sqrt{\sum_{i=1}^{n} A_i^2} \times \sqrt{\sum_{i=1}^{n} B_i^2}} \quad (2-1)$$

计算每个分词的词频，形成方法 $m1$ 和 $m2$ 的词频向量 A 和 B。余弦值被变换到向量空间后，用于判断向量的相似性。$S_{M(m1,m2)}$ 的值越大，它们之间的语义相似度越高。

2.3.2.5　模式层展示

在获取的相关灾害信息中，按照地震灾害事件本体结构，构建地震灾害本体。地震灾害本体如图 2-7 所示。

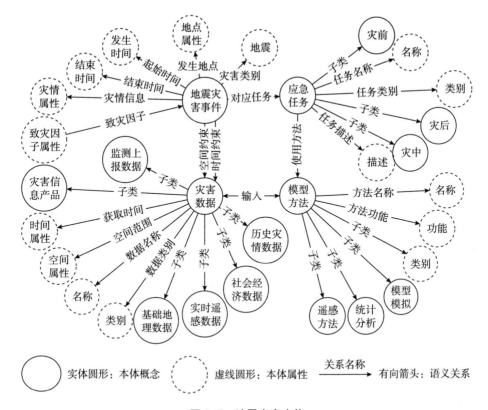

图 2-7　地震灾害本体

按照本节提出的知识图谱构建方法，对地震灾害应急本体进行构建。构建的本体能够清晰地描述地震灾害事件，同时也表达了地震灾害应急任务与地震灾害数据各要素之间的关系。

2.3.3　数据层构建

自然灾害应急知识图谱的数据层由实体的节点集合、属性关系边和语义关系边三部分组成，通过连接两个节点，可以表示一条三元组知识。针对现有的灾害领域数据库、领域文献以及其他泛在文本资源等不同的知识源类型，利用大数据相关技术，收集多源数据，从中对实体和关系进行抽取，经过数据融合之后，将三元组知识存储在图数据库中。知识图谱的构建是基于关系数据库模式到图数据库模式的转换。该部分需要的数据已经获取。

2.3.3.1　实体及关系抽取

实体抽取的概念为从文本数据集中将命名实体自动识别。实体抽取的准确率和召回率将会影响后续的知识获取效率和质量，因此，实体抽取被称为信息抽取中最基础和最关键的部分。

实体是知识图谱的重要组成部分之一。对属性、关系抽取的前提就是实体抽取。在早期研究中，实体抽取主要依赖于定义的分类体系，将人名、地名、时间等有意义的实体从文本中抽取出来，但是互联网上用户生成的内容是不断地进行变化的，各式各样新的词语层见叠出。于是，基于规则和词典的方法以及基于机器学习、深度学习的方法逐渐得以水到渠成地发展。

因为存在很多模型方法，不可能构建一个全面的模型方法实体，所以，关键过程是从文本数据中抽取"模型方法"实体。条件随机场（CRF）模型是一种用于序列标注的机器学习模型，常被使用在词性标注、分词、命名实体识别等领域。CRF 通过输入字、词、词性等上下文特征，在给定一个文本序列 x 下，计算其标注序列 y 的概率，如公式（3-2）所示。

$$P(y \mid x) = \frac{1}{Z(x)} \cdot \exp\left[\sum_{i, l} \lambda_k t_k(y_{i-1}, y_i, x, i) + \sum_{i, k} \mu_k s_k(y_i, x, i)\right] \quad (2-2)$$

其中，$Z(x)$ 指所有状态序列中的归一化因子；t_k 与 s_k 是指模型的特征函数；λ_k 和 μ_k 是为特征函数学习的权值。实体识别任务为估计给定文本序列 x 下，产生标注序列 y 的条件概率，最终得到的标注序列 y 是满足条件 max（$P(y \mid x)$）的计算结果。

在经过以上流程之后，对自然灾害事件、应急任务、灾害数据三大要素的具体实例可以进行抽取。通过领域专业先验知识，可以对针对要素之间的关联关系抽取，同时将自然灾害事件与应急任务之间的关系进行关联；灾害事件与数据之间的时空约束通过灾害发生时间、地点与灾害数据的获取时间、空间范围匹配进行时空层面的约束；如果当方法与数据在一篇文献的摘要中出现，则对数据与方法之间的输入输出关系进行抽取。

2.3.3.2 数据融合

本书研究的数据源多为中文文本数据，由于中文描述的多样性，对于相同的内容或许会有其他的表述方式，这就会导致在知识抽取过程中存在数据冗余的问题，对于抽取阶段得到的孤立的实体、属性和关系，需要进行数据融合操作。

在实体抽取部分，模型方法实体是使用 CRF 与规则匹配相结合的方式进行识别，同一实体有着不同的中文表述，导致识别的冗余，因此，需要定义合适的相似度度量，并采用聚类和阈值设置来对齐实体。

应用模型方法语义相似度计算方法，将识别出的实体名称进行中文分词、计算分词词频，构建实体名称的词袋向量，将实体名称从语义空间转换到向量空间，计算向量间夹角的余弦值，夹角余弦值越大，语义相似度越高。

通过将语义的相似度阈值进行设定，对齐语义相似度计算结果小于设定阈值的实体名称。为了更全面地对方法进行描述，融合结果通常采用类似集合中字符长度为最长的实体名称。以不同的相似度阈值设计多次实验，发现当阈值设置为0.5 时，融合的结果更好。语义融合表如表 2-6 所示。

表 2-6　语义融合表

融合前	融合后
小波分析、小波分析方法、小波变换方法	小波分析方法
聚类分析、层次聚类分析方法、聚类分析方法	层次聚类分析方法
城市地震模型、地震仿真模型、地震模拟方法、城市地震仿真模型、城市地震分析模型、城市地震模拟方法、地震分析	城市地震仿真模型

数据层融合包括实体链接和属性链接，由于汉语多样化的特点，人们会在不同情况下对同一实体和属性使用不同的称呼，因此，可以从语义上链接来自不同信息源的实体和属性，根据抽取到的关系类数据链接总数据库中实体的各个部分，并根据不同的模式将不同的信息类型嵌入数据库中。

2.3.3.3　知识存储

Neo4j 是一个图形数据库，它可以将大量的结构化的数据存储在网络上。Neo4j 可以将灾害应急相关数据进行存储和表示，将不同的数据源转化为结构化的知识三元组数据，可以从多种角度，如概念、实例、属性等对于自然灾害应急知识图谱进行展示。使用 Python，构建以 Neo4j 为基础的知识图谱。

连接 Neo4j 数据库，将之前获取的数据进行读取。数据读取成功后，分别获取每一列的数据，将数据读取到数据库中。将构建知识图谱所需要的关系进行构建；遍历数据，构建图谱，再对各个节点进行构建；节点构建完成后，使用代码，对节点之间的各个关系进行关系的构建；构建完成后，将构建的结果在网页上展示，输入相关代码即可进行查看。

首先，将获取的数据通过代码进行导入。使用 Python 中的 pandas，再通过Neo4j 网站注册的账号密码登录后，连接 Neo4j 数据库。Neo4j 数据库连接成功后，将获取的数据进行读取。存储到数据库中的大量数据可以用来构建更为全面、完整的自然灾害应急知识图谱。将 Excel 表格中的数据的每一列进行获取并导入。导入数据代码运行如图 2-8 所示。

```
#-*- codeing = utf-8 -*-

import pandas as pd
from py2neo import Node,Graph,Relationship

#连接neo4j数据库 注意修改username与password！！！
graph = Graph('http://localhost:7474',username = 'neo4j', password = 'lh990927')
print('数据库连接成功')

#读取数据
data = pd.read_excel('data.xlsx')
columns = data.columns.tolist()

#获取每一列的数据
t0 = data[columns[0]].tolist()
t1 = data[columns[1]].tolist()
t2 = data[columns[2]].tolist()
t3 = data[columns[3]].tolist()
t4 = data[columns[4]].tolist()
t5 = data[columns[5]].tolist()
t6 = data[columns[6]].tolist()
t7 = data[columns[7]].tolist()
t8 = data[columns[8]].tolist()
print('数据读取成功')
```

图 2-8 导入数据代码运行

导入数据后，代码可以运行，在成功连接了数据库以及读取了数据之后，继续使用代码，对于本节论述的各个实体间的关系进行构建，每条数据均可以构建一定的关系，只有关系构建完成，知识图谱才能够进一步地进行表达。连接数据库、读取数据和关系构建如图 2-9 所示。

```
Run:    KGBuild ×
     C:\Users\11492\Anaconda3\python.exe "C:/Users/11492/Documents/Tencent
       Files/1149225847/FileRecv/KGBuild/KGBuild/KGBuild.py"
     数据库连接成功
     数据读取成功
     关系构建成功
     第---1---条数据构建完成
     第---2---条数据构建完成
     第---3---条数据构建完成
```

图 2-9 连接数据库、读取数据和关系构建

构建的图谱可以在网站中进行展示。本节共构建了 775 条数据。通过对获取的这 775 条数据进行知识存储以及使用代码，对这 775 条数据的各个部分进行关系的联系，可以构建出自然灾害应急知识图谱。数据构建如图 2-10 所示。

图 2-10　数据构建

通过以上方式，可以对自然灾害应急知识图谱进行构建。本节构建的知识图谱，可以将各个要素之间的语义关系进行描述，具有将多源数据转化为互联知识的能力。自然灾害应急知识图谱可以实现智能化信息推送，对于不同的用户，可以采用不同的信息推送方法。此外，自然灾害应急知识图谱可以减少自然灾害所带来的损失，为抗灾减灾提供新的工具与方法。

2.4　用例分析

2.4.1　地震灾害应急知识图谱描述

本节构建的地震灾害应急知识图谱是以大量的数据为基础，获取了可以实际应用的知识和灾害信息，可以将各个要素之间的语义关系进行描述，具有将多源数据转化为互联知识的能力。该知识图谱能够更加完整地对自然灾害事件、应急任务、灾害数据以及模型方法之间的关系进行了解、认识和表达，提供更简单的认识方法。该知识图谱的构建提升了知识的智能应用水平，为防灾、减灾提供了更加完善的方式以及多元化的角度，是基于大数据和知识图谱两方面相结合的典型应用。

2.4.2 自然灾害应急知识图谱展示

本节抽取其中一条数据，对地震灾害应急知识图谱数据层的部分节点及关系进行展示。该自然灾害应急事件为：2020 年 11 月 1 日 16 时 8 分，中国地震台网正式测定辽宁省辽阳市辽阳县（北纬 41.0 度，东经 123.19 度）发生 2.9 级地震，震源深度 10 千米。

2.4.2.1 辽阳县地震灾害事件本体

根据获取的自然灾害应急相关知识语义信息和自然灾害数据，进行辽阳县地震灾害本体的构建。致灾因子为地震。灾害强度为 2.9 级地震，震源深度为 10 千米。环境包括辽阳县的地形和气象。辽阳县地震灾害事件本体如图 2-11 所示。

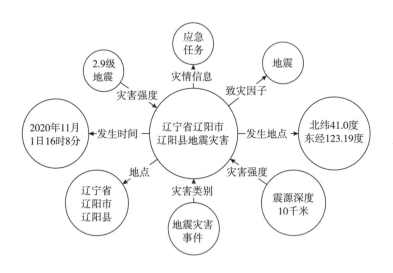

图 2-11　辽阳县地震灾害事件本体

3.4.2.2　辽阳县地震灾害应急任务本体

根据获取到的相关数据，进行辽阳县地震灾害应急任务本体的构建。灾前任务实例主要为地震监测和地震预警；灾中任务实例主要为地震模拟；灾后任务实例主要为恢复重建和总结评估。辽阳县地震灾害应急任务本体如图 2-12 所示。

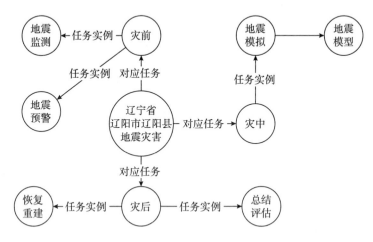

图 2-12　辽阳县地震灾害应急任务本体

2.4.2.3　辽阳县地震灾害数据本体

利用获取到的辽阳县地震灾害数据，对辽阳县地震灾害的灾害数据本体进行构建。主要关系为遥感、气象监测数据和地震监测数据对于实时数据进行关联。辽阳县地震灾害数据本体如图 2-13 所示。

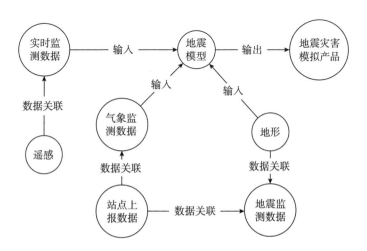

图 2-13　辽阳县地震灾害数据本体

2.4.2.4　辽阳县地震灾害模式层

根据以上构建的辽阳县地震灾害事件本体、辽阳县地震灾害应急任务本体、辽阳县地震灾害数据本体，构建了关于辽阳县发生2.9级地震灾害模式层。辽阳县地震灾害模式层（部分）如图2-14所示。

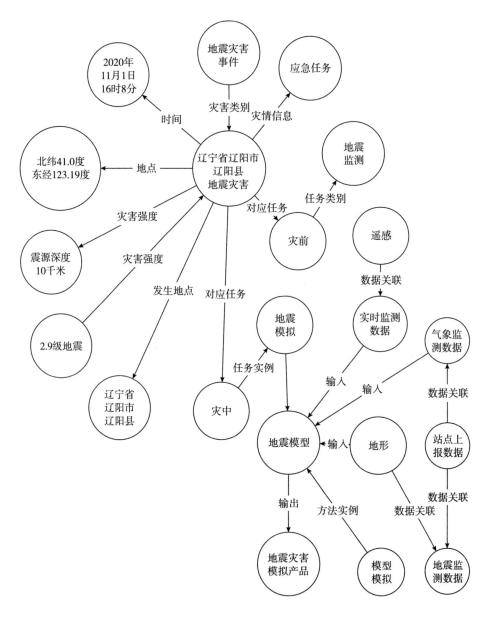

图2-14　辽阳县地震灾害模式层（部分）

2.5　本章小结

根据辽宁省辽阳市辽阳县地震灾害事件知识图谱实例，可以得知该自然灾害的具体事件以及灾害应急任务等多个核心要素，可以获取该地震灾害的相关信息。实现了数据层中辽阳县地震灾害实例的知识抽取，对各个要素之间的关联关系进行了简洁、明晰的表达。

可以发现，本章构建的自然灾害应急知识图谱能够对自然灾害事件、灾害应急任务、灾害数据、模型方法进行清晰、完整的表达，同时也能将各个要素之间存在的语义关系进行描述，将多源数据转化为互联知识。

推动灾害数据的自动化处理，能够使自然灾害相关数据应用更智能，为防灾、减灾的发展带来新的机会和机遇，为自然灾害的相关研究拓宽更广阔、更新的空间。本章研究了基于大数据的自然灾害应急知识图谱的构建方法，将自然灾害应急、大数据与知识图谱结合起来。自然灾害应急知识图谱在未来必将成为灾害应急行业与大数据智能研究的热点，能够在应急减灾领域发挥越来越重要的作用，对于实现新时期防灾、减灾新要求具有重要意义。

一是构建知识图谱的基本框架。知识图谱主要分为模式层和数据层两部分。本章采取从模式层对数据层进行映射的方法，研究构建自然灾害应急知识图谱。在模式层，主要构建了自然灾害事件本体、应急任务本体、灾害数据本体、模型方法本体等；数据层则将获取到的数据进行整合，如实体及关系抽取、数据融合、知识存储。

二是自然灾害应急知识图谱的构建。对于相关实体，本章构建所需的相关本体，利用关系彼此连接，使用 Python 设计相关程序，采取 Neo4j 图数据库工具，将获取到的自然灾害应急相关数据构建成网状的知识结构与知识图谱；将构建的知识图谱进行简明的展示，同时说明该知识图谱的目的、用途以及意义。

三是地震灾害应急知识图谱的展示。本章构建了地震灾害应急知识图谱，选取其中一条信息实例，将信息的本体进行表达，说明构建该知识图谱的用处以及功能。

第3章　自然灾害链情景态势的组合推演方法

　　鉴于传统"预测—应对"的不足，采用"情景—应对"模式，借助情景的灵活性，从演化趋势途径提升对自然灾害的认知—行为能力。首先，归纳总结自然灾害的特征，构建自然灾害链情景态势的组合推演框架，根据框架提取出组合推演的三个主要内容；其次，对本体论中的<I-N-C-A>赋予相应的语义，用于自然灾害链情景表达；最后，设计自然灾害链情景态势的组合推演流程，解释流程中的关键步骤，运用信息扩散理论获得前因情景要素发生概率，借助频率思想获得前因情景要素下后序情景要素组合发生的条件概率，从而获得前因情景要素向后序情景要素的转化概率评估值，挖掘组合推演规则，进行用例分析。

　　"情景"一词最早出现于1967年，赫尔曼·卡恩（Herman Kahn）和安东尼·维纳（Anthony Wiener）在合著的《2000年——关于未来33年猜想的框架》一书中提出情景和情景分析，他们认为：未来是多样的，几种潜在的结果都有可能在未来实现，通向这种或那种未来结果的路径也不是唯一的，对可能出现的未来以及实现这种未来的途径的描述构成了一个情景，情景本身不是预测，而是未来可能出现的结果。情景具有很强的灵活性，能动态反映事件发展过程，成为有效应对自然灾害情景态势推演的主要方法之一。目前，"情景—应对"管理方法的研究内容主要集中于情景描述、情景重构、情景推演和情景决策等，用到的方法有模糊分析、贝叶斯网络、CBR等。其中，情景推演是"情景—应对"模式的核心，其他分支对情景推演起到辅助作用，以期能够准确、全面、及时地描述情景态势，情景要素是情景的最小构成单位。情景推演过程极其复杂，根据推演特征不同将情景推演过程分为组合推演、转化推演和映射推演。情景态势的组合推演是以历史情景和实时情景为基础，结合个人的知识、经验，运用相应的逻辑关系重新组合自然灾害情景发展过程中的情景要素信息，形成新的情景，对情景发生的可能性大小进行判断，从而推演自然灾害情景的下一步发展趋势，推演结果可用于预警、决策及案例学习等方面。在情景要素自然发展和自身特性作用下，根据事件情景的因果关系，将情景要素分为前因情景要素和后序情景要素。如果前一情景是导致后一情景的原因，称为前因情景要素；后一情景是前一情景产生的结果，称为后序情景要素。自然灾害链情景要素组合推演过程的实质是通过前因情景要素寻找后序情景要素的动态变化的过程。

　　通过上述分析，本章拟解决以下三个问题：①自然灾害链情景态势的组合推演框架构建。自然灾害具有层次性、涌现性和方向性等特征，将组合推演过程看作一个由情景中前因情景要素至后序情景要素的全方位映射，按照演变的时间顺序建立框架，总结组合推演过程中的三个主要内容。②自然灾害链情景描述。有效的描述方法是进行组合推演规则挖掘的第一步，本章采用本体论中的<I-N-C-A>（Issues-Nodes-Constraints-Annotations）方法，四个元素分别表示情景特征要素、情景结构要素、情景约束要素和情景属性要素。③自然灾害情景态势的组合推演途径，基于自然灾害链情景描述方法建立情景库，以历史灾害为依托，运用信息扩散理论，统计分析当前情景要素之间的转化概率，挖掘组合推演规则。与传统方法相比，本章对情景推演过程划分更加细致，针对组合推演进行研究，方法灵活、分析全面，可用于预警、决策和案例学习等多个方面，为灾害预防和应对争取时间。

3.1　自然灾害链情景态势的组合推演框架

　　自然灾害是动态变化的，由不同时刻灾害情景元素之间相互组合而形成，其在发展过程中表现出如下性质：①层次性。根据我国常见自然灾害的特点，通过提取、归类、扩充后可以提炼出八类主要自然灾害情景，分别为台风、暴雨、地震、干旱、冰雪、虫灾、洪水和泥石流，这些自然灾害均由一个主情景组成，每一个主情景又由多个不同的情景要素构成，其中情景要素还包含了多个不同的属性因子，以真实反映情景当前状态，因此自然灾害链情景可以划分为不同的层次，如同树的"根茎叶"。②涌现性。自然灾害通过情景要素之间的多种组合方式，能够形成不同的自然灾害演变结果，进而呈现出初始情景不具备的一些性质和特征，称其为"涌现性"，如针对土质松动的山体，强烈的降雨除导致暴雨灾害外，当前情景要素与地质要素相互组合，还有可能引发泥石流等性质、特征完全不同的自然灾害类型。③方向性。情景要素之间的不同组合方式可以使自然灾害情景向不同的方向发展，如果灾害情景要素配备及时的应急响应措施，则自然灾害情景可能向好的方向发展；相反地，如果情景要素之间的组合对当前自然灾害情景起到加强的作用，则自然灾害可能朝着恶化的方向发展。针对上述特征，本节将其看作一个由前因情景要素至后序情景要素的全方位映射，表示由前因情景要素寻找后序情景要素的动态过程，具体框架如图 3-1 所示。

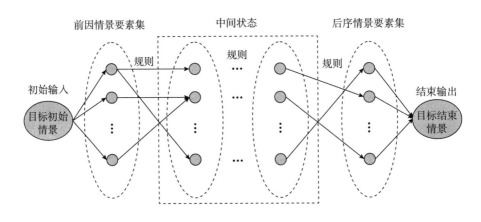

图 3-1　自然灾害链情景态势的组合推演框架

通过图 3-1 可知，组合推演内容主要包括以下三个方面：①情景目标。确定组合推演规则的使用对象、自然灾害类型等特征内容。情景组合推演规则挖掘的结果可以应用于不同的使用对象，首先，其可以用于预警，根据当前情景数据预测未来可能发生的不良后果，并针对后果的严重程度及时采取相应的响应措施予以补救，避免灾害的发生，如农田干旱如果发现得及时，可以采取人工降雨、灌溉等方式而避免；其次，结果可以作为自然灾害情景发生过程中应急决策人员制定方案、资源调遣的理论依据；最后，结果可以用于相关人员对过去已经发生的自然灾害情景进行总结和学习，寻找应对过程中的不足之处，并在以后类似情景中加以改进。除此之外，确定目标也可以进一步缩小案例匹配的范围。②确定前因情景要素集和后序情景要素集。从情景库中抽取与确定目标一致的情景要素集合，确定前因情景要素集和后序情景要素集，根据关联规则建立因果关系图。③组合推演规则挖掘。根据目标情景，结合一定的数理统计方法，计算情景要素之间的转化规律，通过阈值比较分析，得出当前关联结果发生的可能性大小，以及下一阶段情景组合方式。

3.2　基于本体的自然灾害链情景描述

针对八类自然灾害情景，从多个渠道收集获取相关案例，并归纳整理数据，一般来说数据主要来源于以下几个方面：①新闻报道；②网页文本；③相关专业部门。由于侧重点不同，不同数据来源对数据的关注点不同，这就需要对相关案例情景进行整合，从中选取正确的、有利的内容保存在情景库中。自然灾害案例情景的表示方法常用的有 XML 表示法、本体表示法、构架表示法和树形结构表示法等。其中，本体表示法语义丰富、表现力强，能够有效处理复杂情景事件，因此，本节运用本体论中的 <I－N－C－A>（Issues－Nodes－Constraints－Annotations）表示自然灾害情景，四个元素分别表示问题（Issues）、节点（Nodes）、约束（Constraints）、注释（Annotations），对应于情景特征要素、情景结构要素、情景约束要素和情景属性要素。

问题（Issues）：表示自然灾害链中的情景特征要素，主要是对输入案例的总体概括，指明自然灾害情景类型、基本信息、应用领域等，与待研究情景中确定的目标相匹配，快速定位相应情景集，是情景匹配的第一步，形式化表达：Issues<id：I0001，name：XXX，type_ dis："台风"，Time："2013. 10. 6"，address："S 城市"，application："决策" >（（attribute items［attribute-qualifiers］），value）。其中，id 为问题对应的编号；name 为自然灾害情景的名称，如玉兔台风；type_ dis 为自然灾害的类型；Time 为自然灾害情景发生的时间；address 为自然灾害情景发生的地理位置；application 为该案例可以应用的领域范围，如预警、决策或案例学习。

节点（Nodes）：表示自然灾害链中的情景结构要素，为对整个情景演变过程起主导作用的实体对象，以灾害系统理论为基础，包括致灾因子、孕灾环境和承灾体，不同类型的节点组合在一起可以使人们了解自然灾害情景发展的大致轮廓，掌握事件发生的起因、外界因素和当前结果，形式化表达：Nodes＜id：N0001，name：XXX，type：（"致灾因子"，"孕灾环境"，or"承灾体"）>（（attribute items［attribute-qualifiers］），value）。其中，id 为节点对应的编号；name 为节点的名称；type 指明节点在情景中的角色。

约束（Constraints）：指自然灾害链情景发展过程中，节点在演化路径选择上所受到的规范性约束要素，包括规则约束、响应约束和时间约束等，其中时间约束包含在规则约束和响应约束内，形式化表达为：Constraints<id：C0001，name：XXX，rule constraints［type，elements，time］，respond constraints［people number，material resources，transportation，time］>。其中，id 指明约束编号；name 为约束名称；rule constraints 为规则约束，type 为规则约束的类型，elements 为规则约束适用的情景要素对，time 为规则约束适用的时间范围；respond constraints 为响应约束，主要指在情景发生过程中采取的应急措施，people number 为响应过程中投入的人力，material resources 为响应过程中投入的物力，transportation 为响应过程中投入的运输，time 为响应约束适用的时间范围。

　　注释（Annotations）：表示自然灾害链情景中各节点的情景属性要素，即节点在约束下呈现的不同表现载体的集合。设 h（h_1，h_2，$\cdots$，h_n）为致灾因子属性列表，以台风为例，包括风速、风向、等级等要素；e（e_1，e_2，$\cdots$，e_n）为孕灾环境因子属性列表，包括致灾因子发生时的温度、湿度、季节性因子等；a（a_1，a_2，$\cdots$，a_n）为承灾体因子属性列表，以关键基础设施为例，包括面积、高度、功能等。每一个属性采用二元组（$value_i$，t_i）描述，包括属性的具体取值和有效的时间戳。

　　需要指明的是，上述四个本体类型中，形式化表达的项可以根据需要适当地增加或减少。

3.3　自然灾害链情景态势的组合推演途径

　　按照上述情景描述方式构建情景库，基于情景目标从情景库中获取类似案例，并抽取出相应的情景元素组合成具有一定因果关系、时序关系的新情景，建立一张关于情景要素之间的组合视图，根据约束和注释，结合概率统计方法，推导出自然灾害链情景结构、规模、演化轨迹，最终形成情景要素组合推演的综合态势图。自然灾害链情景态势的组合推演规则挖掘流程如图 3-2 所示。

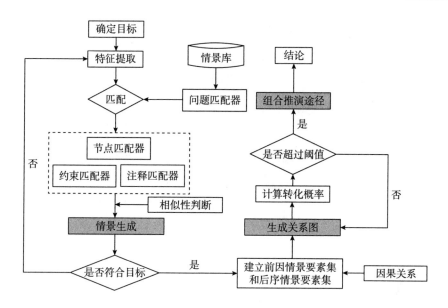

图 3-2　自然灾害链情景态势的组合推演规则挖掘流程

【步骤1】 情景生成：从情景目标中提取目标特征，将提取的特征值与情景库中问题匹配器相匹配，定位与情景目标一致的情景要素集，并通过节点匹配器、约束匹配器和注释匹配器进一步抽取情景要素，组成新的自然灾害链情景。本节采用"类—项—值"的分层匹配原则，将现有自然灾害链情景表示为问题、节点、约束和注释四大类，分别比较历史案例和当前情景的问题、节点、约束和注释中是否具有相同的项，针对相同的项，项中的值是否一致，如果值一致，则计数+1，最后把各类型下相同值的个数与新案例中同类型下各值的总数之比看作相似度，即：

$$S\left(C_{old}, C_{new}\right) = \omega_i \frac{n_s}{n} + \omega_n \frac{m_s}{m} + \omega_c \frac{h_s}{h} + \omega_a \frac{k_s}{k} \tag{3-1}$$

其中，n_s 为目标匹配器中两个案例相同值的个数，n 为新案例中目标匹配器下值的总数，同理，m_s、h_s、k_s 分别表示节点匹配器、约束匹配器和注释匹配器类型下每一项下相同值的个数，m、h、k 分别表示节点匹配器、约束匹配器和注释匹配器下值的总数，ω_i、ω_n、ω_c、ω_a 为四种匹配类型的权重。利用相似度函数匹配的结果为具有相同特征的情景要素在空间的聚集靠近，如图 3-3 所示。

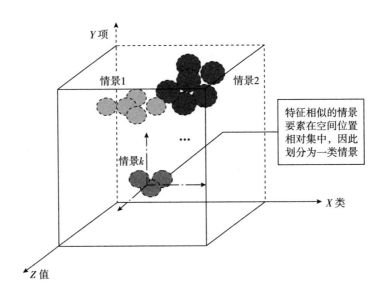

图 3-3 情景要素组合结果

【步骤 2】生成关系图，确定演变途径：将当前情景中的情景要素根据因果关系和时间序列建立假设关联图，确定前因情景要素集和后序情景要素集，以及两者之间的规则约束类型，如图 3-4 所示。

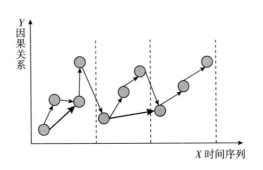

图 3-4 情景要素关联示意

设某一自然灾害情景表示为情景要素组成的集合为：

$$D = \{S_1,\ S_2,\ \cdots,\ S_i,\ Q_1,\ Q_2,\ \cdots,\ Q_j\} \tag{3-2}$$

根据图 3-4 可以得到前因情景要素集合 $S = \{S_i\}$ 和后序情景要素集合 $Q = \{Q_j\}$。其中，由 m 个前因情景构成的，对后序情景产生影响的作用函数，记为

Pre（m）；同理，由 n 个后因情景构成，是前因情景集及其函数所产生的结果，记为 Res（n）。若 Res（n）$\cap Pre$（m）$\neq \varnothing$，说明前因情景要素集合与后序情景要素集合之间确实存在因果关系，按照相应的规则进行组合：

　　若 Res（n）$\equiv Pre$（m）时，则 S_i 发生，Q_j 必然发生，两者之间为串联关系，如图 3-5（a）所示。

　　若 Res（n）$\ni Pre$（m）时，情景要素 S_i 发生，不仅导致结果 Q_j，还可能导致其他结果 Q_n，称为串并型，如图 3-5（b）所示。

　　若 Res（n）$\in Pre$（m）时，包含两种情况：情况 1，要想情景要素 Q_j 发生，仅有情景要素 S_i 发生是不够的，还需要其他要素同时发生，两者之间是"与"的关系，称为并联"与"，如图 3-5（c）所示；情况 2，要想情景要素 Q_j 发生，只要情景要素 S_i 和情景要素 S_m 中的一个发生即可，两者之间是"或"的关系，称为并联"或"，如图 3-5（d）所示。

　　若 Res（n）$\cup Pre$（m）时，情景要素 S_i 与情景要素 S_m 如果满足图 3-5（e）中虚线箭头条件，则情景要素 Q_j 发生；情景要素 S_i 与情景要素 S_m 如果满足图 3-5（e）中实线箭头条件，则情景要素 Q_n 发生，称为并联"异或"。

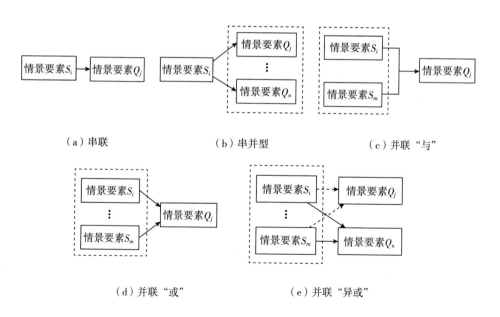

图 3-5　情景要素之间的组合方式

通过【步骤2】得到前因情景要素集合 $S=\{S_i\}$ 和后序情景要素集合 $Q=\{Q_j\}$。

【步骤3】确定组合推演规则：自然灾害具有一定的不可预测性，对自然灾害链情景态势组合推演规则的挖掘可以使用基于历史数据的概率统计分析方法。自然灾害情景库内数据来源途径广泛，包括新闻报道、网页文本或从相关职能部门获取等。不同数据来源对情景的关注程度不同，如新闻报道通常使用描述性的词语对情景进行记录，常采用严重、比较严重或非常严重等词语，表述比较粗糙；网页文本内容由于缺乏相关的监控机制，一些重要参数可能没有记录；相关职能部门则倾向于将情景内容量化，用具体的数值表示情景。上述三种数据来源均可能出现有意无意的记录错误，对组合推演产生误导。除此之外，由于自然灾害属于非常规突发事件，针对特定类型的自然灾害情景可使用的数据就更加稀少，样本量一般在 30 个以下，属于小样本数据，不满足概率统计方法需要大样本数据的要求。综上所述，本节引入信息扩散理论，计算前因情景发生的概率。

给定前因情景 S_i 和后序情景 Q_i，后序情景 Q_i 之间互不相交，记 $P(Q_i)$ 为后序情景 Q_i 发生的转化概率，$P(Q_i|S_i)$ 为 S_i 发生时，后序情景 Q_i 发生的条件概率分布，利用全概率公式，可知：

$$P(Q_i) = \sum_{k=1}^{i} P(S_i)P(Q_i|S_i) \tag{3-3}$$

通过公式（3-3）可知，自然灾害链情景态势组合推演规则挖掘的重点在于求解前因情景的发生概率 $P(S_i)$ 及后序情景在前因情景的影响下发生的条件概率 $P(Q_i|S_i)$。

从前因情景集合中选取一个前因情景 S_i，设定前因情景的论域为：

$$U_{S_i} = \{u_{S_i}^1, u_{S_i}^2, \cdots, u_{S_i}^n\} \tag{3-4}$$

一个单值观测样本点灾害指标 x 依据公式（3-4）将其携带的信息扩散至 U_{S_i} 中的所有点。

$$f(u_{S_i}^n) = \frac{1}{h\sqrt{2\pi}}\exp\left[-\frac{(x-u_{S_i}^n)^2}{2h^2}\right] \tag{3-5}$$

其中，h 为扩散系数，可根据样本集合中样本的最大值 b 和最小值 a 及样本点个数 n 来确定，其系数计算公式为：

$$
令 h = \begin{cases}
0.8146 \times (b-a), & for \quad n=5 \\
0.5960 \times (b-a), & for \quad n=6 \\
0.4560 \times (b-a), & for \quad n=7 \\
0.3860 \times (b-a), & for \quad n=8 \\
0.3362 \times (b-a), & for \quad n=9 \\
0.2986 \times (b-a), & for \quad n=10 \\
2.6851 \times \dfrac{b-a}{n-1}, & for \quad n \geq 11
\end{cases}
\tag{3-6}
$$

$$
C_i = \sum_{i=1}^{m} f_i(u_{S_i}^n) \tag{3-7}
$$

相应的模糊子集的隶属函数为：

$$
\mu_{x_i}(u_{S_i}^n) = \frac{f_i(u_{S_i}^n)}{C_i} \tag{3-8}
$$

则 $\mu_{x_i}(u_{S_i}^n)$ 为样本点 x_i 的归一化信息分布，再令：

$$
q(u_{S_i}^n) = \sum_{i=1}^{n} \mu_{x_i}(u_{S_i}^n) \tag{3-9}
$$

其物理意义是：由 $\{x_1, x_2, \cdots, x_n\}$ 经信息扩散推断出，如果灾害观测值只能取 $u_{S_i}^1, u_{S_i}^2, \cdots, u_{S_i}^n$ 中的一个，在将 x_i 均看作样本点代表时，观测值为 s_i 的样本点个数 $q(u_{S_i}^n)$。$q(u_{S_i}^n)$ 通常不是一个正整数，但一定是一个不小于零的数，再令

$$
Q = \sum_{i=1}^{m} q(u_{S_i}^n) \tag{3-10}
$$

Q 就是各 s_i 点上样本点数的综合，理论上讲，必有 $Q=n$，但由于数值计算四舍五入的误差，Q 与 n 之间略有差别，则

$$
p(u_{S_i}^n) = \frac{q(u_{S_i}^n)}{Q} \tag{3-11}
$$

就是样本点落在 S_i 的频率值，可作为概率的估计值是：

$$
P(S_i) = \sum_{k=i}^{m} p(u_{S_i}^n) \tag{3-12}
$$

可以由此得出一定程度自然灾害前因情景要素发生的概率。

求解前因情景发生条件下，后序情景发生的概率可以简化为求解前因情景和后序情景同时出现在一个自然灾害情景中的概率，可以借助频数的概念，即依据

情景库中案例数据信息统计，计算后序情景发生的自然灾害事件个数 n、这 n 个事件中前因情景出现的个数 n_s，将两者的比值视为条件概率，$P(Q_i \mid S_i) = \dfrac{n_s}{n}$，代入公式（3-3）即可求得前因情景要素至后序情景要素的转化概率。

最后，使用判断后序情景 Q_i 是否超过了其发生的临界值。设阈值为 P_{exceed}，而观测概率的阈值为 P_i，则当 $P_i < P_{exceed}$ 时，认为情景不满足组合推演转化的条件；反之，当 $P_{exceed} \leq P_i$ 时，则认为情景组合态势演化进入下一阶段。因此，组合态势推演研究的重点为统计时间戳 T 内超过某一阈值的概率，进而与观测概率进行比较。

3.4 用例分析

3.4.1 情景简介

研究情景组合推演规则，在判断 S 城市是否会发生特大泥石流事件的基础上进行用例分析。泥石流是由于降水（暴雨、融雪）形成的一种挟带大量泥沙、石块等固体物质的固液两相流体，呈黏性层流或稀性紊流等运动状态，为高浓度固体和液体的混合颗粒流，其暴发突然、历时短暂、来势凶猛，是具有极强的破坏力的主要自然灾害之一。结合上述定义，对泥石流发生的过程进行简要描述：泥石流一般都是由暴雨灾害引发，与降雨量及其持续时间密切相关，一般认为大雨降雨量为 25~49.9 毫米；暴雨降雨量为 50~99.9 毫米；大暴雨降雨量为 100~250 毫米；特大暴雨降雨量在 250 毫米以上。当降雨量达到一定的基数且持续时间过长时，受灾的区域会发生江湖堵塞、人员伤亡，电力、交通、通信中断，结合一定的地质条件有可能引发更大规模的泥石流事件，应及时投入大量人力、物力开展救援工作。以时间发展为轴线，简要表示自然灾害链情景态势推演过程，如图 3-6 所示。

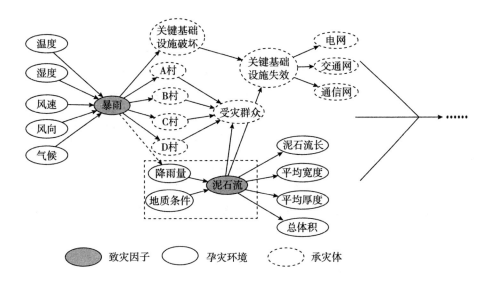

图 3-6 S 城市泥石流灾害链情景态势推演过程

3.4.2 情景生成

案例的研究对象为暴雨引发的泥石流灾害，因此，根据自然灾害的类型特征，应选择暴雨和泥石流相关案例进行匹配，并根据情景库中的问题（issues）要素中的情景特征进行粗略匹配，再使用相似度函数，得到该地区 20 年内与暴雨和泥石流相关的数据，统计分析得到图 3-6 方形虚线框内所示的因果关系。

3.4.3 组合推演概率分析

S 城市泥石流灾害链由多个性质不同的情景要素组成，并以不同的方式组合在一起。通过图 3-6 可知，泥石流灾害作为后序情景是否会形成主要取决于降雨量和地质条件两个前因情景，三者构成并联"与"的组合方式，即降雨量+地质条件→泥石流。设降雨量为 S_1，地质条件为 S_2，泥石流为 Q_1，则

$$P(Q_1) = P(S_1) P(Q_1 | S_1) + P(S_2) P(Q_1 | S_2) \qquad (3-13)$$

公式（3-13）中有四个变量，分别为前因情景的发生概率 $P(S_1)$ 和 $P(S_2)$，以及后序情景在前因情景条件下的发生概率 $P(Q_1 | S_1)$ 和 $P(Q_1 | S_2)$。降雨量 S_1 的发生概率可以直接衡量，地质条件 S_2 通过炭灰夹杂层厚度反

映。该地区 1995~2014 年降雨量如表 3-1 所示。

表 3-1　该地区 1995~2014 年降雨量

年份	1995	1996	1997	1998	1999	2000	2001	2002	2003	2004
S_1（毫米）	30	37	60	52	38	56	48	78	70	49
年份	2005	2006	2007	2008	2009	2010	2011	2012	2013	2014
S_1（毫米）	80	64	75	40	35	97	33	40	65	48

确定该地区降雨量的论域为 $U_{S_1} = \{5, 10, 15, 20, \cdots, 100\}$，样本数 $n = 20$，则该区域降雨量的最大值为 97，最小值为 30，根据公式（3-6）可知扩散系为 $h_1 = 9.469$，根据公式（3-7）~公式（3-11）计算情景要素各年发生的概率值（见表 3-2）。

表 3-2　该地区相应降雨量发生概率

$u_{S_1}^n$	5 毫米	10 毫米	15 毫米	20 毫米	25 毫米	30 毫米	35 毫米	40 毫米	45 毫米	50 毫米
$P(S_1)$	0.001	0.002	0.008	0.020	0.039	0.063	0.084	0.095	0.096	0.091
$u_{S_1}^n$	55 毫米	60 毫米	65 毫米	70 毫米	75 毫米	80 毫米	85 毫米	90 毫米	95 毫米	100 毫米
$P(S_1)$	0.084	0.077	0.071	0.065	0.057	0.046	0.035	0.027	0.021	0.016

同理，该地区 1995~2014 年炭灰夹杂层厚度如表 3-3 所示。

表 3-3　该地区 1995~2014 年炭灰夹杂层厚度

年份	1995	1996	1997	1998	1999	2000	2001	2002	2003	2004
S_2（厘米）	3	5	7	6	4	5	8	10	13	11
年份	2005	2006	2007	2008	2009	2010	2011	2012	2013	2014
S_2（厘米）	9	10	11	13	15	13	16	15	18	17

确定该地区地质条件的论域为 $U_{S_2} = \{0, 3, 6, \cdots, 30\}$，样本数 $n = 20$，则该区域降雨量的最大值为 18，最小值为 3，根据公式（3-6）可知扩散系数为 $h_2 = 9.89$，根据公式（3-7）~公式（3-11）计算情景要素各年发生的概率值（见表 3-4）。

表 3-4　该地区炭灰夹杂层厚度发生概率

表 3-4　该地区炭灰夹杂层厚度发生概率

$u_{S_2}^n$	1 厘米	2 厘米	3 厘米	4 厘米	5 厘米	6 厘米	7 厘米	8 厘米	9 厘米	10 厘米
$P(S_2)$	0.014	0.025	0.038	0.049	0.056	0.059	0.061	0.062	0.065	0.068
$u_{S_2}^n$	11 厘米	12 厘米	13 厘米	14 厘米	15 厘米	16 厘米	17 厘米	18 厘米	19 厘米	20 厘米
$P(S_2)$	0.070	0.069	0.068	0.065	0.060	0.054	0.045	0.034	0.023	0.013

假设降雨量超过 50 毫米且地质炭灰夹杂层厚度超过 10 厘米，则将引发泥石流灾害。根据公式（3-12），可得：

$$P(S_1) = \sum_{k=i}^{m} p(u_{S_i}^n) = 0.5$$

$$P(S_2) = \sum_{k=i}^{m} p(u_{S_i}^n) = 0.502$$

$$P(Q_1 \mid S_1) = 0.3$$

$$P(Q_1 \mid S_2) = 0.1$$

则：$P(Q_1) = P(S_1)P(Q_1 \mid S_1) + P(S_2)P(Q_1 \mid S_2) = 0.5 \times 0.3 + 0.502 \times 0.1 = 0.2$

利用该城市历年统计数据可知，在这一情景下，暴雨引发泥石流灾害的可能性为 0.2，该城市为泥石流灾害高发地区，应予以重要关注。

3.5　本章小结

本章研究了自然灾害链情景态势的组合推演规则。根据自然灾害的特征，形成自然灾害链情景态势的组合推演框架，明确主要研究内容；运用本体论方法，通过<I-N-C-A>四个维度分别表示情景特征要素、情景结构要素、情景约束要素和情景属性要素；在此基础上，设计情景态势组合推演流程，运用概率统计思想挖掘推演规则。在进一步研究中，还需要深入探讨自然灾害链情景态势的转化推演规则和映射推演规则，形成一个完整的自然灾害链情景态势推演体系，为预测、决策和模拟仿真提供支持。

第4章 自然灾害链情景态势的转化推演方法

自然灾害具有高度的不确定性、动态性、复杂性等特点，在发展过程中，可能存在多种推演路径，产生次生衍生灾害，使国家、部门应对困难，人民遭受巨大损失。鉴于情景分析方法的灵活性，"情景—应对"逐渐成为自然灾害风险评估的主要手段。为此，本章以情景分析为基础，从不同方面对自然灾害情景类型和概念进行界定，描述自然灾害链情景态势演变机理，运用动态贝叶斯网络，通过概率评估方法挖掘自然灾害链情景态势发展过程中的转化推演规则，以弥补传统方法无法捕捉自然灾害链动态变化的不足，为自然灾害的预测、决策和应对提供支持。

4.1 自然灾害链情景态势的转化推演机理分析

4.1.1 自然灾害链情景态势的推演途径

根据演化特征不同，情景推演过程可进一步划分为映射推演、组合推演和转化推演。其中，映射推演是自然灾害至承灾体的映射过程，指由于自然灾害作用而损坏承灾体，从而引发大规模的社会灾害。组合推演指原生灾害的叠加作用，主要强调时间的纵向发展，即同一时间段内，存在两种或两种以上类型的自然灾害，灾害之间为关联关系，而非因果关系，如"台风+暴雨"就属于一种组合情景。转化推演则是在组合推演的基础上，从时间横向发展的角度出发，研究当组合要素达到一定的临界值时，自然灾害由一种类型演变为另外一种性质不同的自然灾害，灾害之间表现为因果关系，如"暴雨→泥石流"是由于暴雨情景及其属性导致泥石流情景发生，从而使致灾因子发生转化。综上所述，组合推演是静态的，而转化推演是动态的，其之间的主要区别如图 4-1 所示。本章主要研究情景态势的转化推演规则。

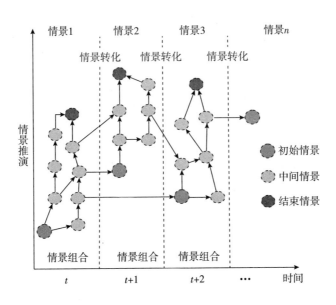

图 4-1　组合推演与转化推演区别示意

4.1.2　情景转化的表达方式

情景态势转化过程中，其条件和变量不断变化，按照时间顺序，可以将自然灾害情景描述为三元组 $S=<TP, SE, DE>$，其中：

TP——要素类型，根据要素表达内容不同，可以将其分为时间戳要素（T）、致灾因子要素（H）、承灾体要素（L）、孕灾环境要素（E）、作用因子要素（R）和事件链要素（N）。

SE——要素，指相应要素类型下的要素名称。

DE——要素属性状态描述，是一个对要素属性、状态、关联关系描述的变量。

要素类型、要素及要素属性状态描述可以完整地表达自然灾害链，其在发展过程中存在一次或多次情景转化，情景转化以致灾因子为界定标准，在连续变化的时间内，如果致灾因子不相同，则认为发生一次情景转化，而自然灾害链中的致灾因子通常为某一种灾害类型。按照灾害性质，可以将自然灾害划分为气象灾害、地质灾害、海洋灾害、生物灾害等；根据灾害形成时间，可以将自然灾害分为不确实性较强的突发性灾害、在较长时间中才能逐渐显现的渐变性灾害和人类活动导致的环境灾害等。第一种方法划分更加细致，且能够反映灾害自身特征，因此，本节选取第一种方法作为致灾因子要素，以判定是否发生情景转化。除此之外，其他类型的要素也可以转变为致灾因子，产生情景转化：

例1：台风—暴雨—泥石流

t_1：台风—暴雨——山体

t_2：泥石流——输电塔杆

$t_1 \rightarrow t_2$：山体由承灾体至致灾因子的转换

例2：地震—海啸—泥石流

t_1：地震——电网

t_2：海啸——核电站

t_3：核泄漏——居民

$t_2 \rightarrow t_3$：核电站由承灾体至致灾因子的转换

自然灾害链情景态势转化虽然具有极高的不确定性，但是转化需要满足相应的条件，有一定的规律可循，为了更好地捕捉情景态势的转化推演规则，表示情景随时间变化的特性，本节引入动态贝叶斯网络进行分析。

4.2　自然灾害链情景态势的转化推演模型

从时间维度来看，自然灾害链情景态势的转化推演是一个动态变化的过程，自然灾害情景所处的状态（情景要素）不断发生转移，当要素值达到某一临界点的时候，情景发生"质"的转化，两个情景之间形成具有一定概率关系的有向链接，即情景之间的转化满足一定的概率分布，因此，需要建立情景之间的关联关系，通过概率分布捕捉转化规则。用圆形表示情景，带箭头的线段表示情景转化路径和方向，转化模型如图4-2所示。

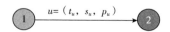

图4-2　自然灾害链情景态势转化模型

图 4-2 中，u 表示情景转化参数的向量，t_u 表示情景转化发生的时间，s_u 表示情景在转化时刻的属性参数，p_u 表示情景转化发生的可能性参数。s_u 描述方法已经给出，因此，研究重点在于 p_u 值的计算。近年来，静态贝叶斯网络具有强大的不确定性问题处理能力，能够进行多源信息的表达和融合，并容纳不完全的信息，因此被广泛应用于灾害"情景—应对"领域，但其不能解决有关时序的问题，即未考虑实际动态情景各个时刻状态间的相互影响，为了描述自然灾害链情景态势的状态变化，建立动态贝叶斯网络，具体步骤如下：

步骤 1：收集数据和特征提取。

步骤 2：建立贝叶斯网络。

步骤 3：计算先验概率和条件概率。

步骤 4：根据现有证据，预测自然灾害链情景态势未来转化推演路径。

4.3　贝叶斯网络模型构建

自然灾害链情景描述由 5 种要素类型组成，分别为致灾因子要素、承灾体要素、孕灾环境要素、作用因子要素和事件链要素，利用时间戳对各要素进行有效性界定。因此，可以以要素类型为依据提取自然灾害情景的特征值，并按照时间顺序建立情景发展的贝叶斯网络图，如图 4-3 所示。

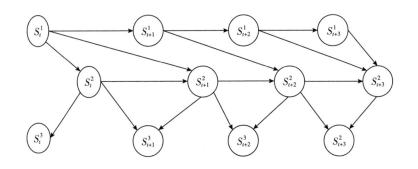

图 4-3　按时间轴展开的贝叶斯网络

贝叶斯网络可以清晰地表明情景要素之间的因果关系，这种因果关系具有很大的不确定性，转化方向也是不确定的，其方式主要有两种。设 $S = \{s_i\}$ 为情景集合，$RE = \{s_i, s_j\}$ 为情景之间的关联关系，每个情景都有 0 和 1 两个取值，其中 1 代表情景发生，0 代表情景未发生，逻辑关系主要包括"与"型和"或"型，具体描述符号如表 4-1 所示。

表 4-1　情景关联关系表示符号描述

表示符号	关联关系说明
	"与"型：情景 s_i 和情景 s_j 必须同时发生，s 才能够发生，即 $\{s_i = 1 \, and \, s_j = 1\} \rightarrow u_s = 1$
	"或"型：情景 s_i 或情景 s_j 发生一个，s 才能够发生，即 $\{s_i = 1 \, or \, s_j = 1\} \rightarrow u_s = 1$

情景之间的关联关系与贝叶斯网络相对应，转化概率为后序情景在前序情景发生的条件下产生的概率，因此，可以将关联关系运用贝叶斯网络表示，具体转换规则如表 4-2 所示。

表 4-2　贝叶斯网络转化规则

s_i	s_j	s	
		"与"型	"或"型
0	1	0	1
0	0	0	0
1	0	0	1
1	1	1	1

4.4　确定情景转化概率

假设 s 为待评估情景，转化概率 p_u 即为情景 s 发生的概率，用公式表示为

$p_u = p$（$s = 1$），而 s 不是孤立存在的，其发生的概率取决于贝叶斯网络中各时刻的相关情景。假设相关情景集为 S，共有 n 个相关情景，即 $S = \{s_1, s_2, \cdots, s_n\}$，这些情景属性是随时间变化的，而情景 s_i 在时刻 t 的属性值为 $s_i(t)$，$S(t)$ 是情景集加入时间变量 $s_i(t)$ 的集合。由于自然灾害链发展的过程是不可逆的，且 $t+1$ 时刻的情景状态仅依赖于 t 时刻的情景状态，符合马尔可夫模型，因此，s 在 $t+1$ 时刻的概率分布仅与 S 在 t 时刻的状态有关，表示为：

$$p（s（t+1）\mid S（0），S（1），\cdots，S（t））= p（s（t+1）\mid S（t））$$

$$(4-1)$$

而 $S(t)$ 属性状态又与 $S(t-1)$ 属性状态相关，因此，转化概率计算是一个迭代的过程，针对建立的动态贝叶斯网络必须先定义先验概率和转移概率两部分：①先验网络 B_0，表示自然灾害刚发生的初始状态 $S(0)$ 的分布；②转移网络 $B\rightarrow$，表示每个时间 t 上的转化概率 $p（s（t+1）\mid S（t））$。

事实上，自然灾害链的演变过程有一定的时间范围，在有限的时间区间 $[0, \cdots, T]$ 上，$S_i(0)$ 的父节点是先验网络 B_0，而 $s(t+1)$ 的父节点是时间 t 的情景集合，用类似的方法可求得这些变量的条件概率分布，进而确定评估情景 s 的转化概率为：

$$p_u = p(s(t+1) = 1) = p(S(0)) \prod_{t=0}^{t} p(S(t) \mid S(t-1)) \qquad (4-2)$$

其中，情景 $S(t-1)$ 是由多个情景要素相互融合而成的，即：

$$S（t-1）= \{s_1（t-1），s_2（t-1），\cdots，s_i（t-1）\} \qquad (4-3)$$

则：

$$p(s_i(t) \mid s_j(t-1)) = \frac{p(s_j(t-1) \mid s_i(t))p(s_i(t))}{\displaystyle\sum_{i=1}^{n} p(s_j(t-1) \mid s_i(t))p(s_i(t))} \qquad (4-4)$$

动态贝叶斯网络反映了情景之间的概率依存关系及其随时间变化的情况，此外还具有良好的可扩展性和灵活性，可以根据实际情景态势改变贝叶斯网络拓扑结构，增加或删除相应的要素及要素之间的关系，生成可信度较高的转化概率，并根据概率值的大小，推测自然灾害情景态势的转化推演方向，应对次生衍生灾害。

4.5 用例分析

我国 A 城市由于毗邻海岸，常年遭受台风灾害侵扰，并于 2014 年发生巨大台风灾害，结合 A 城市周围地理、气候特征，台风灾害随着时间的推移进一步发生转化，以致灾因子为界定标准，情景态势发生两次情景转化，分别为"台风→暴雨"和"暴雨→泥石流"，过程描述为"台风→暴雨→泥石流"。根据自然灾害链情景发展态势及相应数据，需要预测不确定环境下，灾害情景 H_4 发生的概率，即运用概率论知识，依据概率值的大小判断灾害情景是否会由情景 H_3 转化至情景 H_4。预测的第一步需要将推演路径转化为情景描述，并绘制贝叶斯网络图。本节采用要素类型、要素、要素属性状态三个指标描述情景的发展过程，以致灾因子要素为依据可以将连续的情景态势发展过程划分为三个离散的时间段，每个属性对应相应的情景要素，按照因果关系可得如图 4-4 所示，由于承灾体要素不是情景转化的主要依据，在此不予考虑。为了表述方便，对情景要素进行标号，用 S_i 表示，致灾因子情景用 H_i 表示，具体如图 4-4 所示。

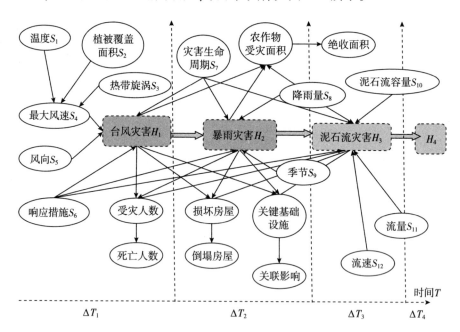

图 4-4 A 城市台风灾害推演路径

根据自然灾害链情景发展态势及相应数据，需要预测不确定环境下，灾害情景 H_4 发生的概率，即运用概率论知识，依据概率值的大小判断灾害情景是否会由情景 H_3 转化至情景 H_4。预测的第一步需要将推演路径转化为情景描述，并绘制贝叶斯网络图。本节采用要素类型、要素、要素属性状态三个指标描述情景的发展过程，以致灾因子要素为依据可以将图 4-4 中连续的情景态势发展过程划分为三个离散的时间段，每个属性对应相应的情景要素。

由马尔可夫链规则可知，情景 H_4 发生的概率仅与情景 H_3 有关，不受情景 H_1 和情景 H_2 的影响，因此，可得：

$$p_u = p\ (s\ (t+\Delta T_4)=1) = p\ (s\ (t+\Delta T_4)\ |\ S\ (t+\Delta T_3))$$

$$= \frac{p\ (S\ (t+\Delta T_3),\ s\ (t+\Delta T_4))}{p\ (S\ (t+\Delta T_3))} \tag{4-5}$$

然而，情景 H_3 发生的概率依赖于前一情景，且 S_6 随着时间变化而变化，所以，情景 H_3 之间的前因情景对情景 H_4 的影响也不可以忽略，需要按照时间发展顺序进行计算。在整个贝叶斯网络中，没有父节点的情景称为初始情景，即图 4-4 中的 S_1、S_2 和 S_3，其为导致 S_4 形成的原因，需要给出 S_1、S_2 和 S_3 的先验分布。先验分布概率值主要依靠专家经验和历史数据得出，并且取 $p\ (S_1\ (t+\Delta T_1)=1 \cup S_2\ (t+\Delta T_1)=1 \cup S_3\ (t+\Delta T_1)=1)=1$。根据全概率公式，可得情景 S_4 发生的概率为：

$$p(S_4(t+\Delta T_1)=1) = \sum_{i=1}^{3} p(S_i)p(S_4\ |\ S_i) \tag{4-6}$$

以此类推，可以计算出 $t+\Delta T_4$ 时刻情景 H_4 发生的概率，其中先验概率和条件概率的值如表 4-3 所示。

表 4-3　情景发生的条件概率

	S_1	S_2	S_3	S_4	S_5	S_6	S_7	H_1	S_8	S_9	H_2	S_{10}	S_{11}	S_{12}	H_3
p	0.4	0.4	0.2	—	0.3	0.2	0.26	0.68	0.31	0.45	0.73	0.15	0.37	0.23	0.67
S_4	0.2	0.3	0.3	—	—	—	—	—	—	—	—	—	—	—	—
H_1	—	—	—	0.8	0.7	0.8	0.6	—	—	—	—	—	—	—	—
H_2	—	—	—	—	—	0.2	0.4	0.3	0.6	0.3	—	—	—	—	—
H_3	—	—	—	—	—	0.3	0.5	—	—	—	0.4	0.2	0.24	0.3	—
H_4	—	—	—	—	—	—	—	—	—	—	—	—	—	—	0.7

第一行为情景名称，第二行为各个情景发生的先验概论，第三行至第七行为情景之间的条件概率，运用公式按照时间顺序可以求得 H_1、H_2、H_3 的概率。

由此可知：

$p\left(H_3\left(t+\Delta T3\right)=1\right)=0.67$；

$p\left(H_4\left(t+\Delta T4\right)=1 \mid H_3\left(t+\Delta T3\right)=1\right)=0.7$；

则 $p\left(H_4\left(t+\Delta T4\right)=1\right)=0.49$。

情景 H_4 发生的概率为 0.49，也即情景 H_3 转化为情景 H_4 的概率，其值较高，说明发生情景转化的可能性比较大，结合专家经验，作出适当的决策，并采取相应的措施以防止情景 H_4 发生，避免自然灾害链情景态势发展更加复杂、灾害后果更加严重。

4.6　本章小结

本章根据自然灾害链特征，采用情景分析的方法描述并研究了自然灾害链情景态势的转化推演规则。首先，根据情景发展的特征对情景从原理性、时间顺序和因果关系三个方面进行分类和界定，分析情景态势转化推演机理。在此基础上，针对静态贝叶斯网络的不足，运用动态贝叶斯网络评估情景态势的转化概率，分析情景态势的转化推演路径，为自然灾害预测、应对和决策提供支持。本章以致灾因子为线索，仅分析自然灾害链情景演变过程，却忽略了承灾体对灾害演变过程的影响，在进一步研究中，还需要深入探讨自然灾害和承灾体之间的相互作用关系，建立完整的自然灾害链情景态势的推演体系。

第5章 自然灾害链情景态势的
映射推演方法

根据灾害形成时间，自然灾害可分为不确实性较强的突发性灾害、在较长时间中才能逐渐显现的渐变性灾害和人类活动导致的环境灾害等。不同类型的自然灾害无论是形成机理，还是灾害特征均不相同，采用传统的"预测—应对"模式对时间不敏感的渐变性灾害和环境灾害来说能够起到一定的作用，但是针对前兆信息不充分、不确定性较强的突发性自然灾害来说，不仅达不到良好的预测效果，反而容易误导决策。相对而言，"情景—应对"模式具有极强的表现力，灵活的情景要素能够细致描述事件发展的动态过程和特征，降低事件的复杂度，以便决策人员可以第一时间捕捉到影响灾害未来演变路径的关键要素，使其成为近年来灾害学、应急管理等领域的主要研究方法之一。

自然灾害情景研究主要集中于以下三个方面：①基础研究。主要界定自然灾害的特征、类型，情景的概念，建立基础研究框架和机理，为深入研究做准备。②自然灾害情景描述。灾害系统理论中将情景表示为致灾因子、承灾体与孕灾环境的集合，为了表达灾害情景动态变化的过程，学者在上述情景维度中引入时间戳要素，并考虑响应措施对灾害情景演变过程的影响，将情景表示由原来的三维扩展至五维，即<时间戳，致灾因子，承灾载体，孕灾环境，响应措施>。自然灾害情景还可以运用"压力—状态—响应"网络表达方式，更加简洁、清晰，或利用其他学科成熟方法描述自然灾害情景，如知识元、XML 表示法、本体表示法、框架表示法和面向对象表示法等。③自然灾害情景演变。基于历史事件，运用 CBR 等推理方法预测自然灾害情景演变过程，或利用情景重构的参考情景来建立情景规划，以解决在信息不完备且时间紧迫的条件下识别与描述事件情景发展规律，从而为学习、预警和决策提供支持。可见，自然灾害情景描述是自然灾害情景演变研究的基础，自然灾害情景演变研究是自然灾害情景描述的最终目的。

在上述研究成果的基础上，解决以下几个关键问题：①自然灾害链情景态势的推演路径有哪些，即自然灾害链情景态势的推演是一个复杂的过程，按照情景要素之间不同的关联关系，可以进一步细分为不同的推演类型。②自然灾害链情景态势的映射推演机理，即映射推演作为自然灾害链情景态势推演的方式之一，描述映射推演的内容，捕捉映射推演过程。③人和关键基础设施作为灾害研究不可忽视的两个主体，在自然灾害情景态势推演过程中的作用。④建立自然灾害链情景态势的映射推演规则，即从定量的角度，通过模型算法确定映射推演路径。第一，可以利用历史灾害数据，建立情景关联关系图、模拟映射推演路径，所得的结果可用于相关工作人员经验总结和学习；第二，将历史数据与实时信息相结合，以判断自然灾害链情景态势的发展方向，以便及时采取措施应对预测结果，从而达到防灾、减灾的目的；第三，运用先进的技术手段，获取灾害发生时的实时监测信息，根据映射推演规则，供相关领域专家、工作人员在关键时刻进行决策。

5.1　自然灾害链情景态势的映射推演过程分析

以自然灾害类型为致灾因子，其与承灾体之间的相互作用直接或间接地影响映射推演路径，而关键基础设施和人作为自然灾害的两大主要承灾体，其遭受损坏会带来比其他承灾体更大的损失和后果，并且关键基础设施和人的行为对映射推演过程产生的影响非常复杂，其中人根据承担的角色不同，既可能对情景演变产生积极作用，也可能产生消极作用，而关键基础设施具有复杂网络的典型特征，存在多维的关联关系，从而使映射推演存在很大的不确定性。自然灾害作用于承灾体的映射推演过程，按角色可以分为关键基础设施和人的行为，而关键基础设施又可以根据关联关系的不同进一步分为地理关联、物理关联和信息关联，具体内容如图 5-1 所示。

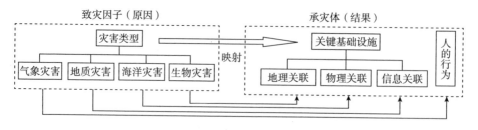

图 5-1　自然灾害链情景态势的映射推演内容

自然灾害链情景态势的映射推演过程以自然灾害异动作为驱动，根据自然灾害的类型及其周围环境，运用情景要素描述灾害情景，确定情景要素及其属性值，从致灾因子情景要素中识别自然灾害影响的承灾体，并研究情景态势向承灾体映射的推演路径，如图 5-2 所示。

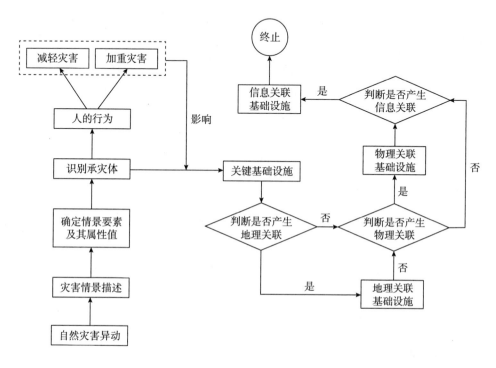

图 5-2　自然灾害链情景态势的映射推演过程

步骤一：考虑自然灾害与人的行为之间的映射关系。人作为一个多主体对象，在自然灾害中承担多重角色，一方面指决策者及其相关工作人员，其产生的行为即制定应急响应方案和措施的过程，用于预防自然灾害的发生或减缓灾害损失，因此，这类角色人员对自然灾害情景演变起正面的作用，即通过一系列活动可以减轻或缓解自然灾害的损失程度，映射推演向积极的方向发展。另一方面指的是受自然灾害影响而无法进行正常工作和生活的相关人员，也即通常所指的受灾群众，由于其在整个自然灾害发展过程中处于被动位置，只能接受灾害带来的各种损失，甚至进一步加大灾害的范围，因此，属于扩大自然灾害情景的行为，在映射推演过程中起到负面的作用。

步骤二：考虑自然灾害与关键基础设施之间的映射关系。自然灾害作用于一个关键基础设施，由于关键基础设施网络内部的关联关系，还可能引发难以预料的级联反应，造成跨地区、跨部门的大面积关键基础设施受损或瘫痪，因此，在映射推演研究过程中，关键基础设施之间的关联关系也对自然灾害链情景态势的演变起到重要的推动作用。Rinaldi 等（2001）将其内部复杂的关联关系分为物理关联、信息关联、地理关联和逻辑关联，其中物理关联指一个关键基础设施系统运行依赖于另一个关键基础设施系统的物质输出；信息关联指一个关键基础设施系统运行依靠另一个关键基础设施系统的信息传输；地理关联指同一地区的环境变化影响两个以上关键基础设施系统；逻辑关联指一种基础设施的状态通过一些机制依赖其他基础设施，但这种机制不是物理、网络和地理上的连接，而是在政策、法律等上的关联。由于逻辑关联内容、形式难以定量分析，本节暂且不考虑。地理关联是最直接、最明显的关联关系，因此，在映射推演过程中，判断是否存在地理关联为开端，如果存在则标记物理关联关键基础设施，直至没有物理关联的关键基础设施为止。同时，依次判断是否存在物理关联和信息关联。

5.2 自然灾害链情景态势的映射推演模型

从定量的角度确定<情景描述 S，推演路径 W，概率值 P>三元组中的概率值 P，估计映射推演的路径。概率值 P 的计算分为两部分，分别是人的行为和关键基础设施之间的关联关系对映射推演路径影响概率的大小，因此，概率值 P 是人的行为事件 P 影响概率 P_P 和关键基础设施事件 R 影响概率的函数 P_R，表示为：

$$P=f\left(P_P, P_R\right) \tag{5-1}$$

判断 1：人的行为影响概率。

人作为有思想、有知识的高级群体，其行为在一定程度上可以影响致灾因子对关键基础设施作用的深度和广度，这种影响一般体现在积极和消极两个方面，其中，积极作用指通过采取适当的应急措施和救援手段，在关键基础设施系统中阻碍灾害蔓延程度，减少损失；消极作用指由于无力采取措施，或者采取措施不利，而使灾害范围在关键基础设施系统中扩大，灾害损失程度加重。设人的积极影响事件概率为 P_e，消极影响事件概率为 P_n，由概率的规范性可得 $P_e+P_n=1$，运用全概率表达公式，其概率值 P 的求解转化为如下形式：

$$P=P_eP\ (R\mid e)\ +P_nP\ (R\mid n) \tag{5-2}$$

其中，$P\ (R\mid e)$ 为在人的积极作用条件下，关键基础设施之间发生关联关系的条件概率；类似地，$P\ (R\mid n)$ 为在人的消极作用条件下，关键基础设施之间发生关联关系的条件概率。根据关联关系的异质性，还需要分别考虑地理关联 G、物理关联 T 和信息关联 I 各自发生的概率，从而计算其在人的不同行为影响下的概率，即：

$$P\ (R\mid e)\ =P\ (G\mid e)\ +P\ (T\mid e)\ +P\ (I\mid e) \tag{5-3}$$

$$P\ (R\mid n)\ =P\ (G\mid n)\ +P\ (T\mid n)\ +P\ (I\mid n) \tag{5-4}$$

在计算各种关联关系之前，需要运用复杂网络的思想对关键基础设施系统转化为网络形式。一般来说，各关键基础设施子系统中的部门（实体）抽象为网络中的节点，而实体之间形成的各种关联关系抽象为网络中的边，如电网可以将发电站、配电站视为节点，发电站与配电站相连的输电线路视为边。关键基础设施子系统 i 拓扑结构可以表示为 $G=\ (V,\ D)$。其中，V 表示网络 G 中节点的集合。D 表示网络 G 中边的集合。设 k 表示节点 V 的数量，h 表示边 D 的数量，不同关联关系形成的边代表的含义不同。

判断 2：地理关联判断。

一个城市由多个关键基础设施子系统组成，且每个关键基础设施子系统又包含多个部门，因此，在有限的地理区域内，关键基础设施之间地理位置临近，从而频繁产生地理关联。地理关联的关键基础设施在整个系统中依赖通信技术或工程技术与其他关键基础设施相联，起到承上启下的作用，一旦失效还会引发更大规模的物理关联或信息关联，后果严重。地理关联的发生对关键基础设施类型没有特别限制，任何关键基础设施之间都可以产生地理关联，在判断之前，首先，应该绘制出关键基础设施系统的地理关联结构图。结构图由节点和边两部分组成，节点含义不变，仍为部门（实体），而节点之间的边表示两个部门之间的距离。以一个关键基础设施 V^i 中心为坐标圆点 $(0,\ 0)$，用欧几里得距离衡量该关键基础设施与其他关键基础设施 V^j 之间的距离 d，设关键基础设施 V^j 坐标点相对于关键基础设施 V^i 为 $(x^j,\ y^j)$，则 $d=\sqrt{(x^j)^2+\ (y^j)^2}$，以此类推，计算灾害区域内，关键基础设施之间的相互距离，计算次数由该区域内节点总数决定。其次，在人的积极行为影响下，灾害作用于关键基础设施 V^i，关键基础设施 V^i 失效，其地理影响范围为 c，如果 $d\leqslant c$，则与相应关键基础设施产生地理关联，依次判断，直至没有新的地理关联关键基础设施产生。地理关联概率的计算借助频率的方法，如下所示：

$$P\ (G\mid e)=P_G\ (0\leqslant d\leqslant c)=\frac{k'}{k} \tag{5-5}$$

其中，k 为一定区域内关键基础设施的总数，k' 为距离在影响范围 c 内的关键基础设施个数。人的消极行为影响的计算同理，只是地理影响范围 c 值不同。

判断 3：物理关联判断。

物理关联一般发生在物理资源输入和输出的关键基础设施之间，由于灾害直接影响或者地理关联作用，使某一关键基础设施失效，物理输入或输出功能必然产生制约，其他依赖此物理资源的关键基础设施同样不能正常工作，而使两者之间产生物理关联关系。在人的行为影响下，会改善或加重物理关联对关键基础设施系统的损害。衡量损害的方法主要依靠关键基础设施对物理资源的负载率，设节点 $V^i=(c^i,f^i)$，其中 c^i 表示关键基础设施节点的实际资源容量，f^i 表示最大容量，而 $\mu_i=\dfrac{c^i}{f^i}$ 称作关键基础设施主体对于资源的负载率，并通过资源负载率的大小来判断由于物理关联作用，该节点的物理功能是处于过载、正常或失效状态，而失效状态关键基础设施个数占关键基础设施总数可以得到产生物理关联的概率，如下所示：

$$P\ (T\mid e)=P_T\ (0\leqslant\mu_i\leqslant a)=\frac{k''}{k} \tag{5-6}$$

其中，a 为关键基础设施失效的临界负载率，k 为一定区域内关键基础设施的总数，k'' 为处于失效状态的关键基础设施个数。人的消极行为影响的计算同理。

判断 4：信息关联判断。

随着通信技术的不断提高，现代社会信息化进程加快，信息技术在关键基础设施运行中越来越重要，如交通网红绿灯的控制依靠信息系统，如果信息系统遭受损害，或引起交通混乱，或阻碍人们的正常出行。信息控制可以极大地减轻人们的手工劳动，维持关键基础设施系统的精准运行，同时承受信息系统失效所带来的风险。而在各种关键基础设施系统中，通信网在维持信息关联中起到决定的作用，其是服务的提供者，也是服务的终结者，因此，信息关联判断问题转化为在自然灾害链情景态势发展过程中，是否破坏通信关键基础设施，如果破坏，则产生信息关联的概率为 1，否则为 0。

将上述计算的结果代入公式（5-2），可以计算映射推演各条路径的可能性大小，结合专家自身经验，最终判定自然灾害链情景态势的映射推演方向。

5.3　用例分析

本节将自然灾害情景态势的映射推演方法应用于我国南方 S 城市，整个城市内共有 103 个关键基础设施，其中圆点代表一个关键基础设施，并且用不规则的连线将关键基础设施连接在一起，其区域内关键基础设施分布如图 5-3 所示。

图 5-3　S 城市关键基础设施分布

S 城市于某一时间受到暴雨灾害的侵袭，在灾害情景发展过程中，影响到人的正常生活和该区域内 103 个关键基础设施的运行，并且受到各方面的救援支持。下面依次对 103 个节点进行编号，用 V^i 表示，103 个关键基础设施节点共组成 5253 个节点对，其映射推演路径受人的行为影响，且在关键基础设施之间存在复杂的地理关联、物理关联和信息关联，推演路径更加的复杂，因此，需要借助软件程序对其进行计算，具体过程如下：

Procedure 自然灾害链情景态势的映射推演路径判断

Input：节点对（V^i，V^j），人的积极影响概率为 P_e，人的消极影响概率为 P_n，节点之间的欧几里得距离 d，节点的实际资源容量，最大容量 f^i，信息关联的概率 $P(I|e)$ 和 $P(I|n)$

Output：映射推演概率 P

Begin

       Starting from = 1，select 节点 V^i

       For i = 1 To m do

Begin

Starting from = 1，select 节点对（V^i，V^j）

For j = 1 To n do

Step 1. 设定人的积极影响和消费影响对映射推演路径影响的概率大小；

Step 2. 设定自然灾害地理影响范围为 c，与节点之间的欧几里得距离 d 比较，通过地理关联个数计算在人的因素影响下地理关联概率；

Step 3. 计算资源负载率，通过失效状态关键基础设施个数占关键基础设施总数得到产生物理关联的概率；

Step 4. 由于地理关联和物理关联，判断是否影响通信关键基础设施，进而得出信息关联的概率。

End

End 自然灾害链情景态势的映射推演推断

按照上述步骤，选择 10 条自然灾害情景态势向人和关键基础设施的映射路径，并利用每一步的判断条件计算相应的概率值，得出的数据如表 5-1 所示。根据计算的结果，可知映射推演过程中第 10 条路径与其他路径相比发生的概率最大，为 0.55，因此，自然灾害链情景态势的映射推演过程朝第 10 条路径发展的可能性最大，应该对该条路径上的人和关键基础设施采取加强的保护策略，从而减少灾害带来的损失，为自然灾害的学习、预警和决策提供方案。

表 5-1　自然灾害链情景态势的映射推演路径举例

	P_e	P_n	$P(G\|e)$	$P(G\|n)$	$P(T\|e)$	$P(T\|n)$	$P(I\|e)$	$P(I\|n)$	P
L_1	0.80	0.20	0.34	0.60	0.25	0.31	1	0	0.48
L_2	0.70	0.30	0.20	0.39	0.46	0.53	0	1	0.34
L_3	0.82	0.18	0.45	0.67	0.23	0.36	1	0	0.52
L_4	0.64	0.36	0.32	0.56	0.32	0.34	1	0	0.45
L_5	0.72	0.28	0.28	0.61	0.45	0.67	0	1	0.38
L_6	0.68	0.32	0.33	0.56	0.28	0.46	1	0	0.47
L_7	0.86	0.14	0.28	0.69	0.19	0.35	1	0	0.47
L_8	0.90	0.10	0.13	0.61	0.09	0.25	1	0	0.39
L_9	0.71	0.29	0.18	0.34	0.41	0.57	0	0	0.23
L_{10}	0.67	0.33	0.32	0.45	0.28	0.37	1	1	0.55

5.4　本章小结

　　本章主要分析了自然灾害链情景态势的映射推演过程，提出了映射推演路径判断方法。在研究过程中，依据情景要素之间不同的关联方式，将自然灾害链情景态势的推演过程划分为组合推演、转化推演和映射推演，并针对映射推演的特征，考虑致灾因子与人的行为、关键基础设施系统两大承灾体之间的映射关系，给出判定条件及判定方法，最终通过概率的方法客观反映情景态势的映射推演路径，运用用例分析验证该方法的可行性和实用性。在进一步研究中，还需要深入探讨三种推演路径的联系和区别，建立三种推演路径的统一识别框架。

第6章 基于大数据的台风灾害应急预测方法研究

6.1 台风灾害数据获取及处理

6.1.1 数据准备

由于台风灾害数据来源众多，且相关知识与其他领域的知识会有部分重叠和交叉，统计台风数据及台风相关知识需要大量查阅国内外相关网站。国内外关于台风灾害的网站有很多，本节整理了可以获取台风灾害相关数据的部分网址。国内外台风灾害相关网站如表6-1所示。

表6-1 国内外台风灾害相关网站

网站名称	网站地址
中央气象台台风网	typhoon. nmc. cn
中国气象数据网	data. cma. cn
风云卫星遥感数据服务网	satellite. nsmc. org. cn
世界气象组织	wmo. int
美国国家环境预报中心	www. weather. gov
世界天气信息服务网	worldweather. wmo. int
中国台风网	www. typhoon. org. cn
中国气象科普网	www. qxkp. net
实时台风路径网	tf. istrongcloud. com

从国内气象部门可以获得部分台风相关知识及具体措施，有利于台风灾害应急预测模型构建选择预报因子的参考。国内气象部门的部分网址如表 6-2 所示。

表 6-2　国内气象部门的部分网站

网站名称	网站地址
国家气候中心	www. ncc-cma. net
国家卫星气象中心	www. nsmc. org. cn
中国气象科学研究院	www. camscma. cn
中国气象新闻网	www. zgqxb. com. cn
中国气象科普网	www. qxkp. net
中国气象协会	www. cms1924. org
北京市气象局	bj. cma. gov. cn

对于领域专业文献资料等文本类数据，同样是台风灾害应急预测模型构建选择预报因子的重要参考内容。为了获取相关台风灾害应急相关知识，更加方便直观地了解台风灾害预报因子相关信息，本节将利用文献搜索引擎，设置检索关键字，进行相关文献的检索，从而获取较为全面、有意义且可以用来进行分析的数据源，互联网拥有很多可以检索到相关数据的开放网站。台风灾害相关文献检索网址如表 6-3 所示。

表 6-3　台风灾害相关文献检索网址

网站名称	网站地址
爱学术	www. iresearchbook. cn
学术搜索平台 Aminer	www. aminer. cn
中国知网	www. cnki. net
超星	book. chaoxing. com
中国国家图书馆	www. nlc. cn
Open Access 图书馆（OALib）	www. oalib. com
世界数字图书馆	www. wdl. org
万方数据	www. wanfangdata. com. cn
谷歌学术	www. google. com

搜索试例：应用万方数据库。万方数据库对关键字"台风""应急""预测"的搜索结果如图 6-1 所示。

图 6-1　万方数据库对关键字"台风""应急""预测"的搜索结果

6.1.2　数据获取

本章模型数据来源主要来自中央气象台—台风网，该网站所应用的台风系统是由中央气象台权威发布的，可及时提供最新的台风实时信息，同时网站结合了卫星云图、气象雷达、降雨等内容。从中央气象台—台风网中选取 2009~2019 年近十年的观测数据作为本章历史台风数据集，数据内容包括编号、台风名字、来源、每六小时台风中心位置的经纬度、风速、移向、台风强度，共计 13495 条数据。

Python 爬虫的基本流程如图 6-2 所示。

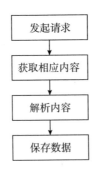

图 6-2　Python 爬虫的基本流程

网页请求和响应：用户通过浏览器将自己的信息发送到服务器，服务器接收请求并分析信息将数据返给浏览器，浏览器在接受响应后分析其内容并显示给用户。爬虫模拟浏览器发送请求，接收响应并提取有用的数据。请求的发起是使用HTTP 库向目标站点发起请求，信息包含图片、视频等，若没报错就可以看到网页的基本信息。发起请求代码如图 6-3 所示。

```
requests.packages.urllib3.disable_warnings()
session = requests.seesion()
```

图 6-3　发起请求代码

在爬虫发送请求后若服务器能正常响应，会返回一些信息：200（成功）、301（跳转）、404（不存在）、403（权限）、502（服务器错误）。获取相应内容代码如图 6-4 所示。

```
# 获取所有台风
def get_html(url):
    # html_obj = rerquests.get(url, headers = headers(url), proxies = proxys(), verify=False)
    html_obj = requests.get(url, headers = headers(url), verify = False).text
    #解析返回的数据，然后转成json
    date = json.loads(re.match(".*?([.*]).*", html_obj, re.s).group(1))['typhoonList']
    item_list = []
    for v in date:
        item = {}
        item['id'] = v[0]
        item['name'] = '%s%s%s' % (v[4], v[2], v[1])
        item['dec'] = '%s' % v[6]
        item_list.append(item)
    return item_list
```

图 6-4　获取相应内容代码

数据解析：对网页源码数据进行解析，获取自己想要的数据信息。解析内容代码如图 6-5 所示。

最后将解析结果存储在 Excel 表格中。保存数据代码如图 6-6 所示。

```
info_dicts['id'].append(item['id'])
info_dicts['name'].append(item['name'])
info_dicts['desc'].append(item['dec'])
#时间 时间戳转日期
info_dicts['时间'].append(millisecond_to_time(v[2]))
info_dicts['风速'].append('%sm/s' % v[7])
yi = '%s' % v[8]
# 东: East, 缩写成E; 2、南: South, 缩写成S; 3、西: West, 缩写成W; 4、北: North
info_dicts['移向'].append(yi.replace('N', '北').replace('E', '东').replace('S', '南').replace('W', '西')]
#强度
info_dicts['强度'].append(get_type(v[3]))
info_dicts['中心位置'].append('%sN/sE' % (v[5], v[4]))
info_dicts['中心气压'].append('%s百帕' % v[6])
```

图 6-5   解析内容代码

```
data.to_excel('台风.xlsx', index=False)
```

图 6-6   保存数据代码

6.1.3   数据集介绍

6.1.3.1   路径数据集

时间序列是一种常见的数据类型，台风数据集就是一种时间序列。它是依照先后顺序采集数据得到的，因此前后的关联性是时间序列的一个主要特征。通过对时间序列 X（t，$t=0$，± 1，± 2，$\cdots$）历史发展信息的研究，可以发现其过去动态变化规律进而预测其发展趋势。根据同一时刻观测特征的个数可以将时间序列分为一元时间序列和多元时间序列。时间序列无处不在，如哈尔滨市区过去十年间降雨量、我国 2009~2019 年国内生产总值数据等。台风路径数据示例如表 6-4 所示。

表 6-4   台风路径数据示例

名称	时间	风速	强度	中心气压	中心位置经纬度
0901 鲸鱼 Kujira	2009-05-02 02：00：00	13m/s	热带低压	1004 百帕	12.9°N/124.2°E
0901 鲸鱼 Kujira	2009-05-02 08：00：00	13m/s	热带低压	1004 百帕	13°N/124.3°E
0901 鲸鱼 Kujira	2009-05-02 14：00：00	15m/s	热带低压	1002 百帕	13.2°N/124.4°E
0901 鲸鱼 Kujira	2009-05-02 20：00：00	15m/s	热带低压	1002 百帕	13.4°N/124.5°E

6.1.3.2　登陆数据集

本节分析 1949~2015 年登陆我国的台风情况,研究其特点对我国台风灾害应急管理有着重要意义。我国台风登陆情况的数据取自中央气象台—台风网,数据内容包括中文名称、英文名称、登陆地点、登陆时间、巅峰强度、登陆强度,共计 716 条数据。台风登陆数据示例如表 6-5 所示。

表 6-5　台风登陆数据示例

中文名称	英文名称	登陆地点	登陆时间	巅峰强度	登陆强度
森拉克	Sinlaku	台湾省宜兰县五结乡	2008 年 9 月 14 日	16 级,55m/s,935hPa	14 级,45m/s,950hPa
黑格比	Hagupit	广东省茂名市电白县陈村镇	2008 年 9 月 24 日	15 级,50m/s,940hPa	14 级,45m/s,950hPa
蔷薇	Jangmi	台湾省宜兰县南澳乡	2008 年 9 月 28 日	17+级,65m/s,910hPa	16 级,52m/s,940hPa
海高斯	Higos	海南省文昌市龙楼镇	2008 年 10 月 3 日	8 级,18m/s,998hPa	8 级,18m/s,998hPa

资料来源:中央气象台—台风网。

6.1.3.3　数据清洗

数据爬虫采集的过程中,出现错误是一种正常现象,因此在取得数据后,导进模型前,需要对数据进行清洗以便模型可以获得较为准确的信息。数据清洗既是整个数据分析过程的第一步,也是整个数据分析项目中最耗费时间的一步。爬虫后解析内容并保存数据,数据以文件的形式保存在本地。台风路径数据集如图 6-7 所示。

通过图 6-7 可以看出,爬虫获取的数据存在数据缺失、格式内容不适合导入模型等诸多问题,如 64~70 行的强度、风向等。通过 Excel 表格对数据进行清洗,数据清洗的过程决定了数据分析的准确性,是唯一可以提高数据质量的方法,这一步使数据分析的结果变得更加可靠。

	A	B	C	D	E	F	G	H
52	2295870	0902汕鸿Chan-hom	2009-05-08 20:00:00	20m/s	no	热带风暴	17.2N/125.9E	995百帕
53	2295870	0902汕鸿Chan-hom	2009-05-09 02:00:00	18m/s	no	热带风暴	17.1N/126.9E	995百帕
54	2295870	0902汕鸿Chan-hom	2009-05-09 08:00:00	15m/s	no	热带低压	17.2N/127.5E	1000百帕
55	2295870	0902汕鸿Chan-hom	2009-05-09 14:00:00	15m/s	no	热带低压	17.4N/128E	1000百帕
56	2295870	0902汕鸿Chan-hom	2009-05-09 20:00:00	15m/s	no	热带低压	17.8N/128.6E	1000百帕
57	2295870	0902汕鸿Chan-hom	2009-05-10 02:00:00	13m/s	no	热带低压	18.5N/128.4E	1002百帕
58	2295870	0902汕鸿Chan-hom	2009-05-10 08:00:00	13m/s	no	热带低压	19N/127.9E	1004百帕
59	2295870	0902汕鸿Chan-hom	2009-05-10 14:00:00	13m/s	no	热带低压	19.7N/128E	1004百帕
60	2295870	0902汕鸿Chan-hom	2009-05-10 20:00:00	13m/s	no	热带低压	20.3N/127.8E	1004百帕
61	2295870	0902汕鸿Chan-hom	2009-05-11 02:00:00	13m/s	no	热带低压	20.9N/127.5E	1004百帕
62	2295870	0902汕鸿Chan-hom	2009-05-11 08:00:00	13m/s	no	热带低压	21.6N/127.1E	1004百帕
63	2295870	0902汕鸿Chan-hom	2009-05-11 14:00:00	13m/s	no	热带低压	21.7N/126.7E	1004百帕
64	2295870	0902汕鸿Chan-hom	2009-05-11 20:00:00	10m/s	no		22.3N/127.1E	1006百帕
65	2295870	0902汕鸿Chan-hom	2009-05-12 02:00:00	10m/s	no		23.1N/127.1E	1006百帕
66	2295870	0902汕鸿Chan-hom	2009-05-12 08:00:00	10m/s	no		23.8N/126.9E	1006百帕
67	2295870	0902汕鸿Chan-hom	2009-05-12 14:00:00	10m/s	no		24.3N/127.2E	1008百帕
68	2295870	0902汕鸿Chan-hom	2009-05-12 20:00:00	10m/s	no		24.8N/127.9E	1008百帕
69	2295870	0902汕鸿Chan-hom	2009-05-13 02:00:00	10m/s	no		25.3N/128.3E	1008百帕
70	2295870	0902汕鸿Chan-hom	2009-05-13 08:00:00	10m/s	no		25.7N/128.7E	1008百帕
71	2295913	0903莲花Linfa	2009-06-17 14:00:00	13m/s	no	热带低压	17.4N/116.7E	1002百帕
72	2295913	0903莲花Linfa	2009-06-17 20:00:00	15m/s	no	热带低压	17.7N/116.6E	1002百帕
73	2295913	0903莲花Linfa	2009-06-18 02:00:00	15m/s	no	热带低压	17.8N/116.4E	1002百帕
74	2295913	0903莲花Linfa	2009-06-18 08:00:00	18m/s	no	热带风暴	17.9N/116.1E	1000百帕

K < > >|　Sheet1　+

图6-7　台风路径数据集

6.2　基于神经网络的台风预测模型

6.2.1　预测因子的选取

虽然气象部门对于台风天气的预报能力已有很大的提升，但不同地域的预报能力还是存在差异，因此研究台风灾害所带来的影响是台风预测中的重要一环。

致灾因子是造成灾害损失的原动力，它们会造成大风、降雨、风暴潮等问题，并伴随着洪水、山体滑坡等次生灾害，这些次生灾害又会造成经济损失、人员伤亡等问题。本节通过资料统计并结合获取到的台风数据特征，最终选择最大风速作为预测基准，中心位置经纬度来确定台风位置，中心气压作为衡量台风等级变化快慢的变量。

6.2.2　模型概述

本节使用循环神经网络预测模型，并对比普通神经网络、LSTM[①]的输出结果，选择更优模型来探索预测台风数据的方法。台风灾害预测模型框架如图6-8所示。

---

① LSTM（Long Short-Term Memory）：长短期记忆网络，是一种改进之后的循环神经网络。

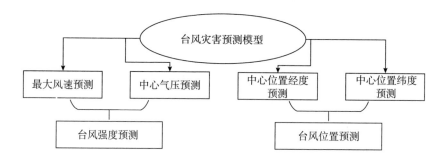

图 6-8　台风灾害预测模型框架

　　模型是否能有效对台风的新信息进行预测，使用训练好的模型对台风的未来风速、中心气压、中心位置经纬度进行预测，将预测结果与真实结果相比对，这里选用的模型评价指标为平均绝对误差（MAE）和均方根误差（RMSE）。

　　平均绝对误差是绝对误差的平均值，能很好地反映预测值误差的实际情况，以找出预测值与真实值之间的差距。平均绝对误差公式如下：

$$\mathrm{MAE} = \frac{1}{n} \sum_{i=1}^{n} \left| f_i - y_i \right| \tag{6-1}$$

其中，f 表示预测值；y 表示真实值。

　　均方根误差是均方误差开根号形式，均方根误差反映了数据样本与真实值之间的关系。均方根误差越小说明模型预测越准确；反之则不准确。均方根误差公式如下：

$$\mathrm{RMSE} = \sqrt{\frac{1}{n} \sum_{i=1}^{n} \left(f_i - y_i \right)^2} \tag{6-2}$$

6.2.3　建立模型

6.2.3.1　预测流程图

　　首先，筛选几组用于训练的台风数据。其次，在原始数据集经过数据预处理后，将数据集分割成训练集和测试集使之适用于循环网络的训练，将训练集数据输入循环神经网络，使用均方根误差作为损失函数进行训练，将测试集输入到训练好的模型中得到结果数据。最后，模型验证和性能评估，使用预测模型进行预测，将预测值和真实值进行对比并分析结果。本节构建台风预测模型流程如图 6-9 所示。

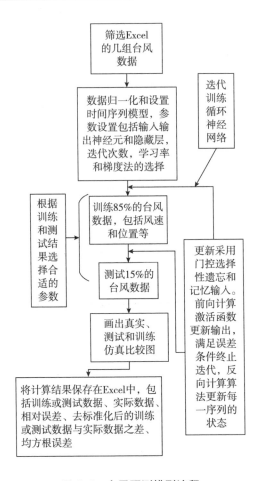

图 6-9　台风预测模型流程

6.2.3.2　循环神经网络结构

循环神经网络结构设计为三层循环神经网络，分别是输入层、中间层和输出层。其中，中间层沿时间维度从下至上展开，中间层之间相互连接保证了信息沿时间维度的传递，中间层的神经元结构的普通神经网络与 LSTM 不同，循环神经网络结构如图 6-10 所示。

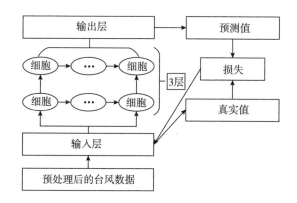

图 6-10 循环神经网络结构

6.2.3.3 隐藏层前向计算公式

BP 神经网络内部计算公式：

$$h = f(\sum_{i=1}^{n} q_i x_i - b) \tag{6-3}$$

其中，x 表示神经元输入；q 表示权重；b 表示神经元阈值；h 表示输出。

LSTM 神经网络通过 3 个控制门机制，完成了 1 个神经元的内部处理，使之对过去长时期数据形成记忆。

一是遗忘门。若遗忘门中一个单元接近 0，则 LSTM 将忘记之前单元状态相应单位的存储值；若遗忘门中的一个单元的值接近于 1，则 LSTM 将记住大部分相应的值。通过遗忘门的 Sigmoid 函数决定从细胞状态中丢弃什么信息。Γ 介于 0~1，公式如下：

$$\Gamma_f = \sigma\ (w_f\ [\ a^{<t-1>},\ x^{<t>}\ ] + b_f) \tag{6-4}$$

其中，a 表示 $(t-1)$ 时刻的输出；x 表示 t 时刻本层的输入；W 表示各个变量的权重；b 表示学习率；σ 表示 Sigmoid 函数，公式如下：

$$\delta\ (x) = \ (1 + e^{-x})^{-1} \tag{6-5}$$

二是更新门。更新门用于确定什么样的新信息被存放在细胞状态中，分三步计算：第一步是更新门的 Sigmoid 函数计算结果 Γ_u，决定哪些值将要更新；第二步根据 Tanh 函数创建一个新的候选值向量 $\tilde{c}^{<t>}$，添加到细胞状态中；第三步通过旧的细胞状态乘以遗忘门 Γ_f，遗忘部分旧信息，然后加上 Γ_u 乘新的候选值向量，更新细胞状态。更新门公式如下：

$$\Gamma_u = \delta\ (w_u\ [\ a^{<t-1>},\ x^{<t>}\ ] + b_u) \tag{6-6}$$

$$\tilde{c}^{<t>} = \tanh\left(w_c\left[a^{<t-1>},\ x^{<t>}\right] + b_c\right) \qquad (6-7)$$

$$c^{<t>} = \Gamma_u \times \tilde{c}^{<t>} + \Gamma_f \times c^{<t-1>} \qquad (6-8)$$

其中，Γ_u 介于 $0 \sim 1$，Tanh 函数即为双曲正切函数，输出 $-1 \sim 1$ 的数值。$c^{<t-1>}$ 表示 $(t-1)$ 时的细胞状态值；$\tilde{c}^{<t>}$ 表示从 t 时刻输入信息中提取出要记录的信息；$c^{<t>}$ 表示更新后的细胞状态值。

三是输出门。使用 Sigmoid 函数处理 C，Γ_o 和 c 相乘得到 t 时刻输出值。输出门公式如下：

$$\Gamma_o = \delta\left(w_0\left[a^{<t-1>},\ x^{<t>}\right] + b_o\right) \qquad (6-9)$$

$$a^{<t>} = \Gamma_o \times c^{<t>} \qquad (6-10)$$

6.2.4　模型建立过程

6.2.4.1　实验环境

实验环境为 Windows 系统，硬件条件是 CPU 为 Intel（R）i7-10210U：内存为 8GB。实验平台 MATLAB R2020a。

6.2.4.2　数据筛选

使用 xlsread 函数读取数据，接着进行数据预处理。进行数据标准化等数据处理操作后，将用于训练的台风数据筛选出来：打开台风 . xlsx，点中 b 列后，筛选出用于训练的台风数据并保存在 Excel 表格中。

6.2.4.3　数据预处理

数据预处理是为了将原始数据转化为更符合挖掘的格式而进行的操作，在建立模型之前通常都需要进行标准化处理，数据落入较小区间从而消除各维数间数量级的影响。常用的预处理方式是归一化处理，它的明显优势在于在模型训练阶段可以提高算法迭代速度，使目标函数更快收敛。本节选择常用的归一化方法：最大最小标准化来处理数据。

最大最小标准化又称离差标准化，公式如下：

$$X^* = \frac{X - X_{max}}{X_{max} - X_{min}} \qquad (6-11)$$

其中，X^* 表示归一化后的数据；X 表示原始数据；X_{max}、X_{min} 分别表示原始数据中的最大值和最小值。

完成这一步操作后，最小数据将变为 0，最大数据将变为 1。经过离差标准化后的数据与原始数据的极差息息相关，如果新增加的数据改变了原始数据的最大值或最小值，那么就需要进行新的标准化。完成归一化处理后，接下来介绍属性相似度的计算方法。

6.2.4.4　训练与测试

基于时间的反向传播算法（BPTT）是目前用来训练人工神经网络最普遍的方式。步骤为：

将台风风速、中心气压、中心位置经纬度数据输入到输入层，经过隐藏层，最终达到输出层并输出结果，这是正向传播过程。

反向传播首先计算神经元的估计值与实际值之间的误差值，并将该误差从输出层反向传播到中间层，再传播到输入层。其次通过神经网络将实际值与预测值进行对比，经过 sigmoid 函数计算出损失，用于优化神经网络的参数来减少损失。最后计算每个权重参数的梯度，使用梯度下降更新权重，直至收敛。

建模是由 P_{t+1}，P_{t+2}，P_{t+3} 时刻预测 P_{t+4} 时刻的数据，包括风速、中心位置纬度、中心位置经度和中心气压 4 个影响因子的预测。本节使用 85% 的数据训练，15% 的数据测试。

6.2.4.5　建模结果

运行 mainnew.m 得到训练和测试结果，包括训练和测试循环网络，生成各参数训练测试图，把训练测试结果、实际结果和误差分析保存在 Excel 中。

用神经网络进行建模，依次是四个影响因子的建模。以风速为例，风速建模如图 6-11 所示。

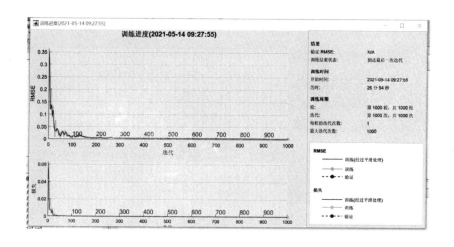

图 6-11　风速建模

测试结果保存在 alldata. xlsx 中，每列分别为训练或测试数据、实际数据、相对误差、去标准化后的训练或测试数据与实际数据之差、均方根误差，各参数放置在不同页面。

建立预测模型时，模型参数的选择直接决定了预测结果的准确性。模型参数可以分为两类：一类是网络内部权重等学习参数，这类参数在模型训练过程中自动学习和调整；另一类是需要人工选择的参数，如训练时迭代次数、损失函数、学习率等，也称为超参数。

目前还没有一套完整的方法能够解决神经网络超参数的选择，一般是根据实验效果和调参经验进行调整，本节通过均方根误差大小判断参数选择是否合适。通过试验从 2~4 个神经元，最终确定输入层 3 个神经元。通过试验每层从 100 个神经元开始，最终确定隐藏层神经元个数 96×3。即输入 3 维，输出 1 维。求解器设置为 adam。

采用梯度下降法作为优化算法，梯度是一个用来指明在函数特定一点沿着哪个方向数值上升最快的向量，这个向量与函数值上升速度的大小对应。梯度阈值设置为 1，梯度阈值主要是用于针对梯度爆炸，更新的梯度就算超过这个阈值也会被限制在这个范围内。

最大训练迭代次数是 1000 次，由于可能出现过拟合，所以训练次数不能太大。

在训练期间参数更新的量被称为学习率，通常是一个在 0~1 范围内的正值。在训练神经网络时，学习率被用来控制参数的更新速度。如果学习率低，参数的更新速度就会大大降低。当学习率较高时，搜索过程中会产生振动，参数将会停留在最佳值附近而得不到较好的效果。通过试验从 0.001、0.005、0.0001 中最终确定初始学习率 0.005。用均方根误差作为损失函数，下面以输入层神经元个数不同来举例测试参数，2 个神经元的均方根误差结果为：

$$\sqrt{[(f_1-y_1)^2+(f_2-y_2)^2+(f_3-y_3)^2+(f_4-y_4)^2+\cdots]/n} =$$

$$\sqrt{[(16.5-15.24028)^2+(18-17.2305)^2+(19.21501-18)^2+\cdots]/38} = 3.684129$$

3 个输入神经元结果的均方根误差结果为：

$$\sqrt{[(f_1-y_1)^2+(f_2-y_2)^2+(f_3-y_3)^2+(f_4-y_4)^2+\cdots]/n} =$$

$$\sqrt{[(16.5-15.24028)^2+(18-17.2305)^2+(19.21501-18)^2+\cdots]/38} = 3.506096$$

每个参数选择神经元可以看均方根误差，根据均方根误差大小判断训练和测试效果情况，选择较好的参数。最终参数如表 6-6 所示。

表 6-6　最终参数

输入层神经元	隐藏层神经元	输出层神经元	梯度阈值	最大迭代次数	初始学习率
3	288	1	1	1000	0.005

超参数确定后，网络模型在训练过程中通过对训练样本集的学习会自动调整和确定神经元的权重参数，训练过程可以看作权重参数不断调整的过程。预测模型通过对训练样本集进行学习，将网络内部的权重参数进行确定和保存，对训练好的模型输入和样本数据格式一致的数据时，就可以进行预测并输出预测值。以经纬度为例，普通神经网络与 LSTM 的平均绝对误差对比如表 6-7 所示。

表 6-7　普通神经网络与 LSTM 的平均绝对误差对比

台风名称	普通神经网络预测中心位置经度	普通神经网络预测中心位置纬度	LSTM 预测中心位置经度	LSTM 预测中心位置经度
GAEMI	0.6922	0.3830	0.5924	0.3887
SARIKA	1.0474	0.7296	0.7395	0.4078
NIDA	0.6435	0.2863	0.5232	0.2640
KOMPASU	0.4236	0.3643	0.3087	0.2730
MERANTI	0.7211	0.5212	0.6345	0.3019
CONSON	0.9314	0.8824	0.7153	0.6821

由此可见，基于神经网络模型预测台风数据，LSTM 循环网络模型效果更好。

6.2.4.6　缺失值处理

由于各种各样的原因，现实中的许多数据集包含缺失数据，这样的数据是无法直接用于训练的，对此需要对缺失值进行处理。首先确定缺失值的范围，其次去除不需要的字段，如台风路径数据集中的移向、强度等。

6.2.4.7　格式处理

格式内容问题产生的原因：数据是由人工收集或用户填写而来、不同版本的程序产生的内容或格式不一致、不同数据源采集的数据内容和格式定义不一致等。进行单元格拆分：选择菜单，数据中的分列。本书格式内容处理主要清除内容中有不该存在的单位，如风速的 m/s、中心气压的百帕、中心位置经度的 E、中心位置纬度的 N 等。使用 Ctrl+f 快捷键，获得替换界面。最后，得到格式处理后的数据。

6.2.4.8 逻辑内容处理

这部分的工作是去掉一些使用简单逻辑推理就可以直接发现问题的数据，防止分析结果走偏。异常值是人们在数据分析中会经常遇到的一种特殊情况，所谓的异常值就是非正常数据。有的时候异常数据是有用的，有的时候异常数据不仅无用，反而会影响正常的分析结果。根据时间排列后，去除 id（台风编号）、时间。

6.3　实证分析

6.3.1　背景介绍

本节依据模型分析台风灿鸿（Chan-hom）的预测数据，它于 2009 年 5 月 2 日在中国南海形成。灿鸿对我国的影响主要集中在海上，海上风大浪高，对渔船的捕捞作业、商船的往来航行造成恶劣影响。该台风为菲律宾北部带来暴雨，并导致多宗房屋倒塌和山体滑坡事故。

台风的强度是指台风中心的风力大小，我国对台风强度等级根据台风中心风力的大小进行了划分，如表 6-8 所示。

表 6-8　热带气旋等级划分

热带气旋等级	最大平均风速（米/秒）	最大风力（级）
热带低压（TD）	10.8~17.1	6~7
热带风暴（TS）	17.2~24.4	8~9
强热带风暴（STS）	24.5~32.6	10~11
台风（TY）	32.7~41.4	12~13
强台风（STY）	41.5~50.9	14~15
超强台风（SuperTY）	≥51.0	16 或以上

资料来源：笔者根据相关资料整理。

预警信号与风力大小关系如表 6-9 所示。

表 6-9 预警信号与风力大小关系

台风蓝色预警信号	台风黄色预警信号	台风橙色预警信号	台风红色预警信号
平均风力 6 级	平均风力 8 级	平均风力 10 级	平均风力 12 级

预警信号颜色与台风网上每个时间点的颜色相同。预警信号与应急措施关系如表 6-10 所示。

表 6-10 预警信号与应急措施关系

台风蓝色预警信号	台风黄色预警信号	台风橙色预警信号	台风红色预警信号
做好防风准备，停止高空户外危险作业	进入防风状态，停止大型集会	紧急防风状态，停止大型集会、停业停课，转移疏散，人员躲避	停止集会，停业停课，人员躲避

从表 6-10 中可知，台风蓝色预警信号对民众基本无影响，台风黄色预警信号有较低影响，台风橙色预警信号及以上对民众影响较大。

6.3.2 模型预测实例分析

6.3.2.1 台风强度数据预测分析

输入台风灿鸿的路径数据，通过模型输出结果，并通过输出对照分析预测值、真实值对应最大风速、中心气压对应的台风强度等级。最大风速、中心气压等部分数据如表 6-11 所示。

表 6-11 最大风速、中心气压等部分数据

最大风速预测值	最大风速真实值	中心气压预测值	中心气压真实值	预测值对应风力等级	真实值对应风力等级	预测值对应台风强度等级	真实值对应台风强度等级
16.24212456	18	995.5469971	997	6~7	8~9	热带低压（TD）	热带风暴（TS）

续表

最大风速预测值	最大风速真实值	中心气压预测值	中心气压真实值	预测值对应风力等级	真实值对应风力等级	预测值对应台风强度等级	真实值对应台风强度等级
18.70079231	18	996.383728	996	8~9	8~9	热带风暴（TS）	热带风暴（TS）
20.45780945	19	995.2406616	995.5	8~9	8~9	热带风暴（TS）	热带风暴（TS）
…	…	…	…	…	…	…	…
29.31224632	33	980.7211304	975	10~11	12~13	强热带风暴（STS）	台风（TY）
29.74018097	34	979.2316284	972.5	10~11	12~13	强热带风暴（STS）	台风（TY）
29.99897003	32.5	978.1166992	972.5	10~11	10~11	强热带风暴（STS）	强热带风暴（STS）
29.46956635	27.5	978.0719604	982.5	10~11	10~11	强热带风暴（STS）	强热带风暴（STS）
27.33906555	25	982.2059326	990	10~11	10~11	强热带风暴（STS）	强热带风暴（STS）
24.71959114	24	988.4030762	990	10~11	8~9	强热带风暴（STS）	热带风暴（TS）

如表 6-11 所示，最大风速与中心气压的关系为中心气压越大，风速越低。根据预测值所示，强热带风暴拟合效果最好，热带低压和台风、强台风等会出现预测效果不好的情况需要加以改进。台风中心气压越低，气压梯度、气压差、高低差越大，相应的风力也越大，台风强度越高。气压迅速下降，说明台风增强、发展较快。例如，2016 年 14 号超强台风莫兰蒂登陆后，福建省金门县的气压在 15 分钟内下降了 8.8 百帕。中心气压低于 975 百帕、对应风速 33 米/秒，就达到 12 级台风标准；低于 900 千帕对应风速 70 米/秒，就达到了 5 级飓风标准。人类观测到的最强台风是"泰培"（Tip），于 1979 年 10 月 12 日 23 时位于太平洋西北部上空，经测得中心气压 870 千帕，对应风速 85 米/秒，这一纪录至今未被打破。

经计算得出风速预测的平均绝对误差为：

$\mid (f_1-y_1)+(f_2-y_2)+(f_3-y_3)+(f_4-y_4)+\cdots \mid /n = \mid (18-16.24212456)+(18-18.70079231)+(19-20.45780945)+\cdots \mid /38 = 2.39077$，说明预测台风风速值与真实台风风速值的偏差平均约为 2.4 米/秒，均方根误差为 3.506096。

经计算得出中心气压预测的平均绝对误差为：

$\mid (f_1-y_1)+(f_2-y_2)+(f_3-y_3)+(f_4-y_4)+\cdots \mid /n = \mid (997-995.5469971)+(996-996.383728)+(995.5-995.2406616)+\cdots \mid /38 = 2.48236$，说明台风中心气压预测值与台风中心气压真实值的偏差平均约为 2.48 百帕，均方根误差为 3.622991。

灿鸿风速预测如图 6-12 所示。

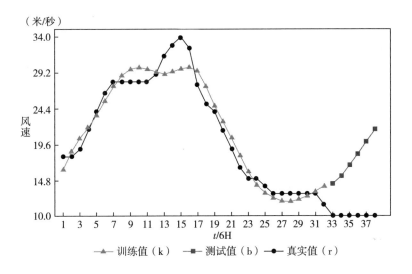

图 6-12　灿鸿风速预测

灿鸿中心气压预测如图 6-13 所示。

6.3.2.2　台风位置数据预测分析

根据模型预测的中心位置经纬度部分预测值数据、真实值数据统计如表 6-12 所示。

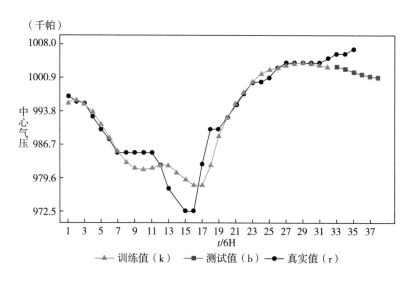

图 6-13　灿鸿中心气压预测

表 6-12　中心位置经纬度部分预测值数据、真实值数据统计

中心位置经度预测值	中心位置经度真实值	中心位置纬度预测值	中心位置纬度真实值
112. 7157669	112. 4	10. 34400558	10. 4
112. 2525406	112. 6	10. 7035408	10. 7
112. 1345825	112. 7	11. 06176281	11. 0
112. 2401733	112. 6	11. 42400742	11. 4
112. 437027	112. 6	11. 78918076	11. 6
112. 6790237	112. 6	12. 146842	11. 8
112. 9611435	112. 5	12. 48476505	12. 1
…	…	…	…
123. 5119324	124. 0	17. 30318832	17. 4
124. 8717575	125. 3	17. 73790932	17. 4
126. 112381	126. 4	18. 107687	17. 3

经计算得出中心位置经度预测的平均绝对误差为：

∣$(f_1-y_1)+(f_2-y_2)+(f_3-y_3)+(f_4-y_4)+\cdots$∣$/n=$∣（112.4−112.7157669）+
（112.6−112.2525406）+（112.7−112.1345825）+⋯∣$/38=1.12374$，说明台风中
心位置经度预测值与台风中心位置经度真实值的偏差平均约为 1.12 度，均方根
误差为 2.226755。

　　经计算得出中心位置纬度预测的平均绝对误差为：

∣$(f_1-y_1)+(f_2-y_2)+(f_3-y_3)+(f_4-y_4)+\cdots$∣$/n=$∣（10.4−10.34400558）+
（10.7−10.7035408）+（11.0−11.06176281）+⋯∣$/38=0.51073$，说明台风中心位
置纬度预测值与台风中心位置纬度真实值的偏差平均约为 0.51 度，均方根误差
为 0.714784。

　　灿鸿中心位置经度预测如图 6-14 所示。

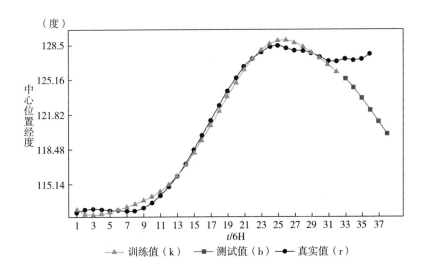

图 6-14　灿鸿中心位置经度预测

　　灿鸿中心位置纬度预测如图 6-15 所示。

　　根据计算得到的结论：该模型中心位置纬度拟合最好，风速最次。

　　将 alldata1.xlsx 中的中心位置经纬度数据位置点经纬转换为 ［x，y］，得到
灿鸿台风路径图，如图 6-16 所示。

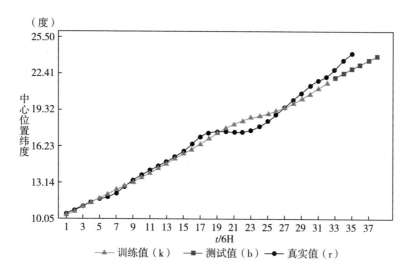

图 6-15 灿鸿中心位置纬度预测

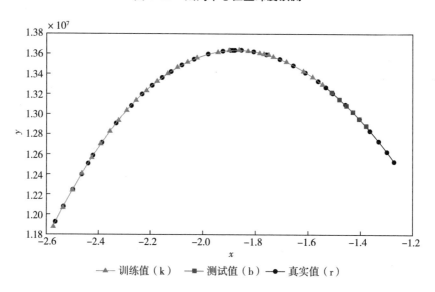

图 6-16 灿鸿台风路径

根据路径图反映预测值与真实值基本吻合。

6.3.3 灾情趋势数据分析

6.3.3.1 西太平洋海域台风灾害趋势统计

我国相邻的西太平洋海域是全球台风的高发区，研究其特点对我国台风灾害应急预测有着重要意义。根据台风路径数据集分析结果如下：

2009~2019 年，每月发生的台风数目存在很大差距，每月发生的台风平均数目约 26 个，在 9 月发生台风数目最多，达到 65 个，在 1 月发生台风数目最少，只有 4 个。2009~2019 年每月发生的台风数目变化情况如图 6-17 所示。

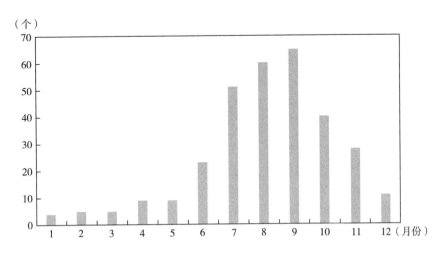

图 6-17　2009~2019 年西太平洋海域每月台风数目变化情况

6.3.3.2　登陆我国台风灾害趋势统计

根据台风登陆数据集分地点、强度、时间三方面分析登陆我国各省市的台风特点。河北省无台风登陆记录不计入各图、表内。台风登陆地点词云展示如图 6-18 所示。

图 6-18　台风登陆地点词云展示

根据台风登陆时强度统计（若同一台风多个地点登陆记强度高的那次），我国沿海各省市 1945~2015 年台风登陆数量统计如表 6-13 所示。

表 6-13　1945~2015 年我国沿海各省市台风登陆数量（按登陆强度统计）

单位：个

省市	辽宁省	天津市	山东省	江苏省	上海市	浙江省	福建省	广东省	广西壮族自治区	海南省	台湾省
热带低压（TD）	4	1	4	2	2	2	7	20	1	16	5
热带风暴（TS）	3	0	5	0	5	5	23	39	7	17	8
强热带风暴（STS）	4	0	7	1	4	11	37	75	10	29	25
台风（TY）	0	0	0	2	2	15	34	55	2	37	44
强台风（STY）	0	0	0	0	0	9	6	17	1	9	36
超强台风（Super TY）	0	0	0	0	0	2	0	2	0	2	14
总计	11	1	16	5	13	44	107	208	21	110	132

资料来源：爬取数据。

通过表 6-13 可以看到，辽宁省、天津市、山东省无台风级、强台风级、超强台风级登陆记录，江苏省、上海市无强台风级、超强台风级登陆记录，福建省、广西壮族自治区无超强台风级登陆，其余省市各强度台风均有登陆。记录其中强热带风暴级和热带低压级登陆的次数并列第一。从总量来看，广东省台风总量最多，占 11 个省市台风总量的 31.1%，台风季时最需注意；台湾省、海南省、福建省分别占 19.8%、16.5%、16.0%，台风季时也需保持高度警惕；浙江省、广西壮族自治区、上海市、江苏省台风虽然平均一年也不一定会登陆 1 个，但因出现过台风级及以上等级，所以也需要注意。

1945~2015 年我国沿海各省市最强台风登陆情况统计如表 6-14 所示。

表 6-14 1945~2015 年我国沿海各省市最强台风登陆情况统计

省市	辽宁省	天津市	山东省	江苏省	上海市	浙江省	福建省	广东省	广西壮族自治区	海南省	台湾省
台风名称	Mamie	丽塔	丽塔	达维	—	桑美	Wayne	威马逊	威马逊	威马逊	琼安
登陆时间（年）	1985	1972	1972	2012	1948	2006	1983	2014	2014	2014	1959
登陆时风速（米/秒）	30	15	30	35	40	60	45	70	50	70	80
登陆时中心气压（百帕）	980	980	970	970	965	920	950	890	945	890	920
登陆时风力（级）	11	7	11	12	13	17	14	17	15	17	17

资料来源：爬取数据。

1945~2015 年我国沿海各省市台风登陆季度统计如表 6-15 所示。

表 6-15 1945~2015 年我国沿海各省市台风登陆数量（按登陆季度统计）

单位：个

省市 / 季度	辽宁省	天津市	山东省	江苏省	上海市	浙江省	福建省	广东省	广西壮族自治区	海南省	台湾省
第一季度	0	0	0	0	0	0	0	0	0	0	0
第二季度	0	0	1	0	1	2	5	34	11	15	15
第三季度	11	1	17	5	12	40	95	150	10	71	108
第四季度	0	0	0	0	0	2	7	24	0	24	9

资料来源：爬取数据。

从表 6-15 可以看到，辽宁省台风季期间为第三季度；天津市仅有一次台风记录，发生在 7 月即第三季度；山东省台风季期间为第二、第三季度，其中 7 月、8 月最为集中，约占 94%；江苏省台风季期间为第三季度，其中 8 月最为集中，约占 80%；上海市台风季期间为第二、第三季度，其中第三季度最为集中，约占 92%；浙江省台风季期间为第二、第三、第四季度，其中 7 月、8 月最为集中，约占 72%；福建省台风季期间为第二、第三、第四季度，其中第三季度最为集中，约占 89%；广东省台风季期间为第二、第三、第四季度，其中第三季度最为集中，约占 72%；广西壮族自治区台风季期间为第二、第三季度，其中第二季度最为集中，约占 52%；海南省台风季期间为第二、第三、第四季度，其中 7~10 月最为集中，约占 79%；台湾省台风季期间为第二、第三、第四季度，其中第三季度最为集中，约占 82%。总的来说，各省市第一季度均无台风记录，台风最易发生在第三季度，尤其 7 月、8 月发生次数最多。

1945~2015 年我国每年台风登陆数量如图 6-19 所示。

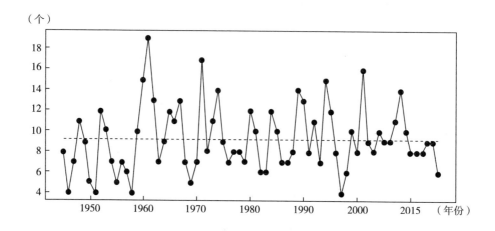

图 6-19　1945~2015 年我国每年台风登陆数量

从图 6-19 可以看出，每年平均有 9 个台风登陆我国，其中热带低压级约占 9.6%；热带风暴级约占 16.8%；强热带风暴级约占 30.3%；台风级约占 28.6%；强台风级约占 11.7%；超强台风级约占 3%。

6.3.4　台风影响的应急事件划分

了解应急管理的过程有助于将台风应急预测应用于现实。台风灾害预测的目的就是将台风灾害带来的不利影响降到最低。由美国危机管理学家罗伯特·希斯提出的 "4R" 按照时间顺序将危机划分为四个阶段：第一，减缓（Reduction）阶段，这个阶段被看作应急管理的核心；第二，准备（Readiness）阶段，主要是采取防范措施，争取在台风灾害发生时能够从容面对，使灾害的损失降到最低，如制定完善的预警系统、优化组织结构等；第三，响应（Response）阶段，主要是采取一些策略来积极应对；第四，恢复（Recovery）阶段，吸取经验和教训，进一步提升应对能力，改进应急管理的方法和措施。4R 应急管理理论最早用于企业危机管理，各个模块环环相扣，其显现出科学、高效的治理效果，因此被广泛应用于多个领域的应急管理，可以用此方法应对台风的到来。

台风天气造成的应急事件如图 6-20 所示。

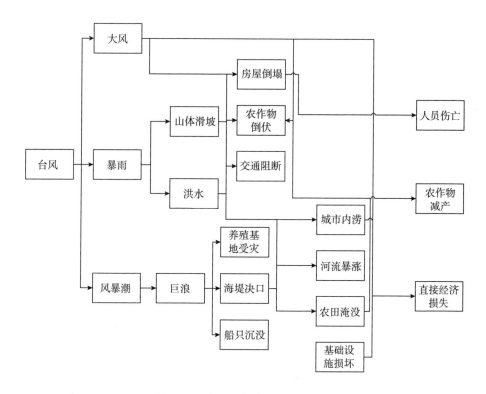

图 6-20　台风天气造成的应急事件

台风灾害是多方面因素综合影响的结果，台风会造成强风、暴雨和风暴潮等灾害，也会影响到邻近的海岸。例如，大风会破坏基础设施，导致农作物倒伏。暴雨可以造成洪水和山体滑坡，洪水又进一步造成河流水位暴涨，导致农田和城市地区被水淹；山体滑坡会导致房屋倒塌、交通阻断等问题。风暴潮会引发巨浪，继而造成海堤决口、船只沉没、养殖基地受灾等，而海堤决口又造成农田淹没、基础设施破坏等，最终造成农作物减产、交通瘫痪、直接经济损失、人员伤亡等。本章研究的数值预测与登陆我国台风灾害趋势提供的信息可以为防灾减灾部门快速判断台风情况并发布预警，从而实现应急管理。

6.4　本章小结

台风灾害是多方面因素综合影响的结果，本章通过分析台风的数值预测方法和台风灾害趋势来寻找应急预测方法。首先，整理台风知识并利用 Python 网络爬取等方法获得数据，同时对数据进行清洗。其次，通过 MATLAB 平台建立神经网络模型，模型包括台风强度数值的预测和台风位置的数值预测。最后，进行实证分析，通过分析风速等误差均控制在较小范围内，反应路径图的预测值与真实值基本吻合，台风灾害趋势得出登陆我国的台风最易发生在第三季度，广东省登陆的台风总量最多，每年登陆我国的台风强度中强热带风暴级最多。

第 7 章　基于大数据的洪涝灾害风险评估模型

7.1　洪涝灾害数据处理

7.1.1　洪涝灾害区域介绍

7.1.1.1　灾区的选取

2020 年中国南方发生多起洪涝灾害，自进入汛期以来，南部地区已经出现了多次的暴雨，导致许多地方出现了水灾，有些地区甚至发生了有史以来超历史洪水，2020 年是近年来自然灾害最为严重的一年，因此研究这一年的灾害数据会有较大的参考价值，其中江西省遭遇了极其严重的洪水灾害，自 6 月 30 日到 7 月 7 日已经造成江西省 36 个县大约 50 万人受到影响，其中 12000 人被紧急安置，将近 10000 人得到了紧急的生活救助；超过 35 万公顷的农作物受到了影响，其中有将近 3000 公顷的作物被破坏；有 27 户 61 栋房子被破坏，68 户 122 栋房子受到了严重破坏，另外还有一些房子受到了轻微破坏，大约有 297 栋房子受到了轻微破坏，造成了数亿元的直接经济损失。2020 年 7 月 7 日，南昌市遭受历史最大暴雨，本章选取南昌市作为灾害研究的目标区域。

7.1.1.2　研究区域的介绍

江西省南昌市自古就是一座水城，因水而发，缘水而兴，因此研究南昌市的暴雨洪涝灾害对于当地的防洪减灾是十分有必要的。南昌市因其强弱、早晚的差异，温度波动剧烈，降水量分布不均匀，造成了暴雨、洪涝、低温、降雪等气象灾害的频发，年降水量在 1600～1700 毫米，降水量在 147～157 天，年均大暴雨天数在 5 天或 6 天左右。近年降雨趋势如图 7-1 所示。

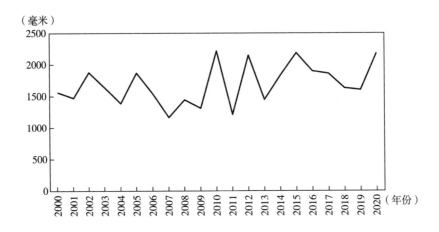

图 7-1 2000~2020 年南昌市降雨量变化趋势

资料来源：爬取数据。

7.1.2 数据来源

笔者根据洪涝灾害的相关资料和有关文献的阅读和参考，了解洪涝产生的过程和发展的各个阶段，选取相应指标因素并进行有关数据的检索，为了获得更为精确的数据，采取科学相关网站进行数据收集，按照文献资料的查找，根据洪涝灾害风险评估理论，将洪涝灾害大致分为致灾因子、孕灾环境和承灾体三个方面，然后从三个方面选取指标，其中致灾因子选取降雨量和暴雨两项指标；孕灾环境选取道路、高程、坡度、河网和归一化植被指数（NDVI）五项指标；承灾体选取土地、GDP 和人口密度三项指标。各项数据来自国家平台和世界相关平台，由于最近两年的数据并不对外公开，所以只能选取全国 2000~2020 年的有关数据。各项数据来源如表 7-1 所示。

表 7-1 各项数据来源

数据类型	数据来源
	国家对地观测数据中心
致灾因子数据（降雨量、暴雨）	江西省历年图鉴
	NOAA

续表

数据类型	数据来源
孕灾环境数据 （道路、高程、坡度、河网、NDVI）	百度地图
	国家对地观测数据中心
	中国基础地理信息数据
承灾体数据（土地、GDP、人口密度）	中国科学资源研究环境中心
	江西省历年图鉴

7.1.3　数据处理

7.1.3.1　栅格数据转换

类似高程、NDVI 等这种数据，在相应的获取网站上导出的是栅格数据，并不能直接用于模型计算和分析，因此需要将栅格数据转换到 Excel，方便后面的计算，可以将栅格数据导入到 ArcGIS 中，然后利用其中的转换工具进行栅格转点。首先，选择 ArcToolbox 工具栏；其次，选择"转换工具"，点击旁边加号展开，选择"由栅格转出"；最后，选择"栅格转点"。

在选择"栅格转点"后，会出现一个对话框，需要添加要转换的栅格数据文件，然后选择要导出的字段，最后选择要输出的地址。

将转换出的数据保存在文件夹中后，需要将该文件夹里的数据转换为数字数据，具体操作为通过 Python 的代码将栅格数据代入，然后通过代码转换将数据转换到 Excel 中。

7.1.3.2　数据清洗

数据清洗，就是过滤和删除数据中的重复和冗余数据，补全遗漏的地方，更正或删除错误的数据。将数据最终整理为可供进一步处理和利用的数据。

先将所得数据用 Excel 打开，通过 Excel 中部分数据可以看出，由于按省份获取的数据，有些城市的数据并不是本章所研究的区域，所以需要对数据进行清洗，将用不到城市的数据清除，将其中不属于研究区域的数据删除。

将数据导入 Python 中，在 Python 中删除 CITY 不为南昌市的多行数据，可以使用 Python 中的 pandas 库中的 drop（）方法，将"CITY！=南昌市"的多行数据删除。

由于所获取的数据有 0 值和空白值并不方便使用数据，将空白格数据填写为

"0" 使用。

对于这些没有数据的缺失值，可以使用 Python 中的 pandas 库来填充空白值，将降雨量为空的数据填写为 "0"。将处理后的结果导回到 Excel 中。

7.1.3.3 数据单位进制转换

NOAA 提供全球范围的各个国家的多种类型的数据，因此采用英尺国际单位；由于国内普遍单位是毫米，为了能更好、更清楚并且更方便地了解和使用数据，需要将英尺单位转换为毫米单位。在进行转换前需要将文本数据转换为数字数据，为了确保数据的准确性以及后面计算数据的真实性和可靠性，采用 IS-TEXT 函数对可疑数据进行验证，通过 ISTEXT 函数证明发现确实为文本函数。为了计算结果的准确性，通过数据转换功能将需要数据进行转换。

具体过程：首先，在空白单元格输入 25.4；其次，复制，全选需要处理的一列，右键选择选择性粘贴选项；最后，将弹出的对话框中选择乘选项，确认数据自动换算为毫米单位。

通过以上步骤，可以轻松地完成数据的进制处理，相比于 Python 等代码求解方法，减少了数据代入和导出的步骤，数据的处理过程更加简单方便，有效地避免了数据在导入和导出过程中所导致的格式变化的问题。

以上处理方法将所需要的数据进行了加工处理，为后续作图等其他数据分析的使用提供了便捷和准确性。

7.1.3.4 数据集构建整理

通过上述步骤将数据进行处理后，通过历年洪涝灾害的发生情况，对数据集中洪涝灾害是否发生进行二分类标记。需要将各灾害指标的数据整合成一个数据集，通过 Python 中的 pandas 库来合并数据集，合并数据集有很多种方法，本章采用 concat 方法，通过 axis 参数指定按列合并两个数据集，将多个数据表进行横向合并。

在根据随机森林模型筛选出所需要的灾害指标后，为了保证数据的精准性，还需要采用 Jupyter 中的 data. info 查找一下缺失值。

7.1.4 数据可视化

本章视图基于随机森林和 XGBoost 模型使用包装好的代码直接输出指标的重要性等结果，而最后的研究目标区域的可视化风险划分地图还需要 ArcGIS 技术。通过 ArcGIS 软件可以展示出研究区域的地图，并导入想要分析的数据，得出需要的可视化地图结果。为了后面灾害数据可视化，先要将南昌市的地区划分图导入，笔者通过百度搜索，在一个地理学者文章里找到了全国各省市地区的行政边界图，通过将数据导入到 ArcGIS 中得出南昌市的地区边界划分图。

在得出南昌市的地区边界图后，可以方便后面对于南昌市各地区的风险等级可视化分析，计算需要的数据，然后导入地区中，选择风险等级分度，插入可视化地图进行绘制。基于 ArcGIS 的可视化分析广泛应用于洪涝灾害的研究，该方法可以直观地看出各地区的洪涝灾害风险情况，不同地区根据不同的洪涝风险情况需采取相应的方法。

7.2　洪涝灾害风险评估模型

7.2.1　洪涝灾害评估指标

洪涝灾害具有突发性、不确定性等特点，其影响范围广、损失严重，因此科学合理的评价体系至关重要。洪涝灾害是由致灾因子、孕灾环境、承灾体构成的复杂系统，通过对上述内容利用相关的算法，进行具体分析并建立相关模型，实现对灾害的评估。

为了评估结果的准确性，通过有关文献资料的查找，需要将致灾因子、孕灾环境、承灾体进一步划分，其中致灾因子的指标层包括降雨量和暴雨，这些是导致洪涝灾害产生的重要因素；孕灾环境的指标层包括道路、高程、坡度、河网和归一化植被指数（NDVI），这些是影响洪涝灾害产生的环境因素；承灾体的指标层包括土地、GDP、人口密度，这些指标因素是洪涝灾害发生的主要承担因素。洪涝灾害评估指标如图 7-2 所示。

以上三个方面是影响洪涝灾害的主要因素，这些因素相互作用，共同导致了洪涝灾害的发生。在确定评估指标体系时，要充分考虑各个因素之间的联系以及权重分配，以确保所构建的灾害模型和评价指标体系具有科学合理性和可操作性。

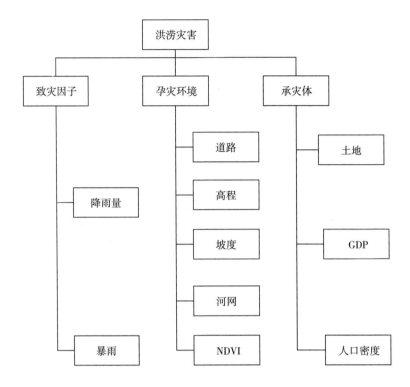

图7-2 洪涝灾害评估指标

7.2.1.1 致灾因子

洪涝灾害的产生原因大致分为：①江河、海水等水位上涨导致的洪涝灾害；②降雨过多使地表积水严重，没有及时排出导致的洪涝灾害。根据有关文献和气象资料的查找，降雨占据了诱发洪涝灾害的较大比例，而且江河等因素无法测量，因此很多学者和专家都通过研究洪涝灾害地区的降雨量来对洪涝灾害进行评估和预测。致灾因子可以细分为降雨量、暴雨。

降雨量指的是从天空中落到地面上的雨水，没有经过蒸发、渗透、流失而积累在水面上的水层深度，通常用毫米作为最基本的单位，可以很直观地反映当地降水量的多少。

暴雨是短时间内引起洪涝灾害产生的重要原因，在短时间内降水过多、地区积水过多且无法及时排出，引发了溪流、河水等暴涨，从而引发洪水灾害，对人们的生活产生影响，因此，暴雨也是影响洪水形成的重要因素之一。

7.2.1.2 孕灾环境

洪涝灾害的产生与各地的地理环境有关，各个地方的地表结构复杂并且排水系统也不同。地貌地形是影响洪涝的重要因素之一，因此有必要研究道路、高程、坡度、河网以及归一化植被系数（NDVI）的数据作为孕灾因素的风险评估指标。

道路作为城市的主要基础设施，可以在应对洪涝灾害排水方面起到重要作用，当道路表面出现大量积水时，自然渠道或人工渠道可以作为排涝途径。

高程指的是某点沿铅锤方向到绝对基面的距离，通过具体地区高程图，可以明显地分析出地势因素。在降雨过后产生的地表积水会下渗到地下，不同地区的渗水能力不同。

坡度是影响积水的重要原因之一，正如一句俗语所说"水往低处流"，坡度高的地方会向坡度较低的地方流水，因此坡度较低的地方更容易产生积水。

河网作为城市的排水排洪的主要输出口，在暴雨的时候常常会发生倒灌现象，因此河网具有较高的潜在风险。

归一化的植被系数（NDVI）能够清楚地表明地区的植被覆盖情况，从而影响地表渗透流向，指数越高地表流量就越大，在归一化植被系数较高的地区，植被覆盖率就越高，地表渗水流量就越好，该地区产生洪涝的概率就越小，就越能更好地控制洪涝灾害的发生。

7.2.1.3　承灾体

承灾体是指承受洪涝灾害的城市等其他受灾因素，承灾因子表现为发生洪涝灾害后，地区对灾害的承受能力，包括土地、GDP、人口密度等。

土地是洪涝灾害最直接的承灾体，洪涝的产生是基于地表积水，所以发生洪涝灾害的地方，第一个受灾的对象就是土地，在洪涝发生时，不同的土地类型，其承受灾害的能力不同，遭受洪涝灾害的破坏程度也不同。例如，相对于山地、平原或者城市街道，庄稼作物耕地在遭受破坏后，其损失会更高。

GDP衡量一个地区人们的经济情况，在洪涝灾害发生后，会对受灾的人们造成一定的经济损失。对于受灾较为严重的地区，其经济损失会较高；受灾较轻的地区，其经济损失相对较低。

人口密度是一个地区人口数量的直观数据，人承担了洪涝灾害的一切损失，对于经常发生洪涝灾害的地区，人们对于洪涝灾害的预防和解决意识就越高；对于偶尔发生洪涝灾害的地区，人们可能会疏于洪涝灾害的预防的解决。

7.2.2 基于随机森林灾害指标优化选取

7.2.2.1 模型构建与测试

模型建立的步骤有洪涝灾害指标选取、收集指标数据、数据处理、将数据整合成数据集、洪涝风险模型构建、模型训练、模型测试等。模型构建技术路线如图 7-3 所示。

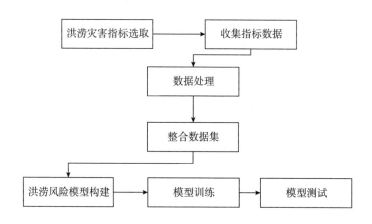

图 7-3 模型构建技术路线

（1）洪涝灾害指标选取

根据所构建的洪涝风险体系结构，选取降雨量、暴雨、道路、高程、坡度、河网、归一化植被指数（NDVI）、土地、GDP、人口密度十项指标。

（2）收集指标数据

在选取十个指标特征后，需要在有关网站获取相应的数据。

（3）数据处理

数据处理指的是在进行洪涝灾害数据分析建模前，需要对原始数据进行加工处理，以便后续的数据处理和分析等工作。从不同网站获取的数据中，有些数据的格式不一或者有缺失值，还有一些从国外网站获取的数据单位进制需要转变，因此数据收集后需要进行数据处理。

（4）数据集

将获得的洪涝灾害指标数据样本整理成灾害指标数据集。由于样本数据集是机器学习模型训练的基础，关系到该模型对于洪涝灾害模型的风险评估的合理性，为了结果研究的准确性，选取了目标区域的数据进行验证测试，总体数据的选取基于上文选取的十项指标，需要随机地将其 70% 作为训练集，30% 作为测试集。

（5）模型构建

采用 Python 进行构建模型，模型的构建过程为打开编程软件，先设置一些基本参数，采用 RandomForestClassifier 伪代码表示随机森林，DecisionTreeClassifier 伪代码表示决策树，train_ test_ split 伪代码是进行训练集的划分，cross_ val_ score 伪代码是进行模型的性能的测试，GridSearchCV 伪代码表示超参数优化用来提升模型性能的准确性，roc_ curve，auc，roc_ auc_ score 表示用来训练和评估模型的准确性。

（6）模型训练与测试

模型训练是为了优化内部参数，确保模型的准确性与性能；模型测试的目的是验证模型的风险特征的重要性结果，得出影响洪涝灾害的最主要的特征指标。

在树模型调用好后需要导入数据集，将数据集随机划分为 70% 用于训练，30% 用于测试，划分数据集采用伪代码 train_ test_ split，将数据集分为 xtrain、xtest、ytrain、ytext，然后将森林实例化并赋值给一个接口，最后调用训练集。

7.2.2.2　洪涝指标重要性模型

在对前文的数模训练好后，就可以得到想要的最终的数据，就是指标特征的重要性，其可以帮助人们直观地看出影响洪涝灾害的最主要的因素以及各个洪涝指标的重要性占比，更直接地了解影响洪涝灾害产生的更重要的指标因素。

由此可以判断出影响洪涝灾害的重要性先后，从而更好地注重该方面的防治，计算步骤如下：

第一，分别计算十项洪涝灾害指标特征在节点上的 $Gini$ 值和 $Gini$ 变化值。

$$Gini(t) = 1 - \sum_{j=1}^{k} \left[p(j \mid t) \right]^2 \tag{7-1}$$

$$\Delta Gini_{it} = Gini\ (t)\ - Gini\ (t_i)\ - Gini\ (t_r) \tag{7-2}$$

其中，$Gini\ (t)$ 表示节点 t 上的洪涝灾害指标 $Gini$ 值，$Gini\ (t_l)$ 和 $Gini$ (t_r) 分别表示节点 t 的左孩子节点和右孩子节点的 $Gini$ 值。

第二，计算洪涝灾害指标特征在第 r 棵树的重要性 IM_{ir}。

$$IM_{ir} = \sum \Delta Gini_{it} \tag{7-3}$$

其中，IM_{ir} 表示第 i 个洪涝灾害指标在第 r 棵决策树的重要性。

第三，洪涝灾害指标特征的重要性 IM_i 的计算。

$$IM_i = \frac{\sum_{r-1}^{k} IMir}{\sum_{i-1}^{m} IM_i} \tag{7-4}$$

其中，IM_i 表示第 i 个洪涝灾害指标特征的重要性，分子表示第 i 个洪涝灾害指标特征在第 k 棵树上的重要性，分母表示 m 个洪涝灾害指标特征重要性。可以从选取的十项洪涝灾害指标中选取其中对于洪涝灾害影响比较大的指标，用筛选出来的指标进一步进行洪涝灾害的风险评估，将十项洪涝灾害风险评估数据集代入模型，计算出各洪涝灾害指标的重要性。洪涝灾害指标重要性结果如图 7-4 所示。

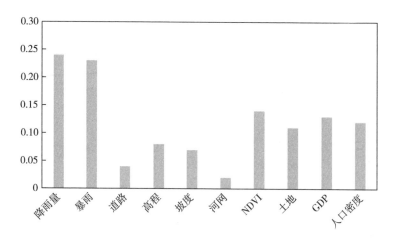

图 7-4 洪涝灾害指标重要性结果

从图 7-4 可以看出道路、高程、坡度和河网的重要性相对较低，数值没有超过 0.1，说明这四项指标对于南昌市的洪涝灾害的引起贡献度较小，所以需要将其剔除，选取降雨量、暴雨、NDVI、土地、GDP 和人口密度六项指标作为优化后所选取的洪涝灾害指标，用于后文南昌市的洪涝灾害风险评估。

7.2.3 基于 XGBoost 洪涝灾害风险评估模型

7.2.3.1 洪涝灾害模型构建

为了使洪涝灾害的风险评估结果更加准确，需要去除一些重要性相对较低的指标进行分析，基于前文模型训练所得到的指标特征重要性，选取较为重要的指标进一步进行洪涝灾害的风险评估。洪涝灾害风险模型如图 7-5 所示。

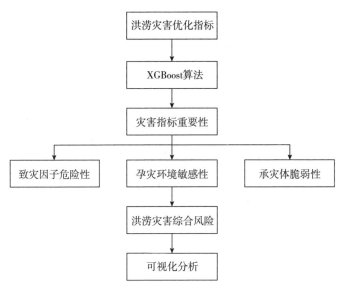

图 7-5 洪涝灾害风险模型

通过前文的指标优化选取，选取六项灾害指标用于风险评估模型的构建，洪涝灾害风险评估模型建立过程如下：

（1）设置洪涝灾害发生情况编码

由于 XGBoost 模型属于二分类问题，数据集中在洪涝是否发生这一项，首先需要将数据进行编码处理，将洪涝灾害未发生设置为 0，发生设置为 1。

（2）绘制洪涝灾害混淆矩阵

在建设置好参数后，开始绘制洪涝灾害混淆矩阵，其是表示精度评价的一种标准格式。混淆矩阵的每一列代表现实中洪涝灾害的发生情况，每一行代表预测的洪涝灾害的发生情况。

洪涝灾害混淆矩阵的建立可以清楚地看出现实发生洪涝灾害和预测发生洪涝灾害之间的数量关系，主对角线表示现实是否发生洪涝灾害和预测是否发生洪涝灾害的样本数量，所占比例越高，说明灾害模型越准确，为后面模型精度的测试提供基础。洪涝灾害混淆矩阵如表 7-2 所示。

表 7-2 洪涝灾害混淆矩阵

	预测未发生洪涝	预测发生洪涝
现实未发生洪涝	实际未发生洪涝并且预测未发生	实际未发生洪涝且预测发生
现实发生洪涝	实际发生洪涝且预测发生	实际发生洪涝且预测发生

（3）洪涝灾害指标的重要性

在模型的参数和精度设置完成后，需要计算优化选取的六项洪涝灾害指标的重要性，通过 xgb. feature_ improtances_ 函数实现洪涝灾害指标的重要性计算，用于后面洪涝灾害风险评估计算。

（4）致灾因子危险性风险

将得出的降雨量和暴雨两项指标的重要性结果和其所对应的数据代入公式（7-5）中求出致灾因子危险性风险系数。

$$M(X) = \sum_{j=1}^{i} \left[W_j \times M_j \right] \tag{7-5}$$

其中，$M(X)$ 表示致灾因子敏感性危险系数，W_j 表示降雨量和暴雨的重要性数值，M_j 表示降雨量和暴雨的数值。

（5）孕灾环境敏感性风险

筛选出孕灾环境只有 NDVI 重要性较高，将 NDVI 的重要性数值和其本身的数据代入公式（7-6）以求得孕灾环境敏感性风险系数。

$$B(X) = \sum_{j=1}^{i} \left[W_j \times B_j \right] \tag{7-6}$$

其中，$B(X)$ 表示孕灾环境敏感性危险系数，W_j 表示 NDVI 的权重，B_j 表示 NDVI 所对应的数据。

（6）承灾体脆弱性风险

将土地、GDP 和人口密度所求的重要性数值和所对应的数据代入公式（7-7）以求得承灾体脆弱性风险系数。

$$S(X) = \sum_{j=1}^{i} \left[W_j \times S_j \right] \tag{7-7}$$

其中，$S(X)$ 表示承灾体脆弱性系数，W_j 表示土地、GDP 和人口密度的重要性数值，S_j 表示土地、GDP 和人口密度对应的数据。

（7）洪涝灾害综合风险

在求出致灾、孕灾和承灾三个方面的风险系数后，将求得的风险数值与致灾、孕灾和承灾三者对应的权重代入公式（7-8）。

$$R(X) = W_M M(X) + W_B B(X) + W_s S(X) \tag{7-8}$$

其中，$R(X)$ 为洪涝灾害综合风险，W_M 为致灾因子权重，W_B 为孕灾环境权重，W_s 为承灾体权重。在求出结果后，将结果导入 ArcGIS，划分出南昌市的地界范围，将洪涝灾害风险结果进行可视化。

7.2.3.2 灾害模型精度验证

为了使模型更加精准,笔者查找了有关文献,根据前文建立的洪涝灾害混淆矩阵结果进行计算。通过计算洪涝灾害模型的召回率(R),用实际和预测都发生洪涝灾害的样本数除以只有预测发生洪涝灾害的样本数:

$$R = \frac{TP}{TP+FN} \tag{7-9}$$

其中,R 表示灾害模型的召回率,TP 表示实际发生了洪涝灾害,预测也发生了洪涝灾害;FN 表示实际未发生洪涝灾害,预测发生了洪涝灾害。

通过实际和预测都发生洪涝灾害的样本数除以只有实际发生洪涝灾害的样本数量,求出精确率(P):

$$P = \frac{TP}{TP+FP} \tag{7-10}$$

其中,P 表示在灾害模型的精确率,TP 表示实际发生了洪涝灾害,预测也发生了洪涝灾害;FP 表示实际发生了洪涝灾害,预测未发生洪涝灾害。

通过实际与预测都发生的样本数量和实际与预测都未发生洪涝灾害的样本数量之和比上测试集的总数量得到模型的准确率(ACC):

$$ACC = \frac{TP+TN}{TP+TN+FP+FN} \tag{7-11}$$

其中,ACC 表示灾害模型的准确率,TP 表示实际发生了洪涝灾害,预测也发生了洪涝灾害;FN 表示实际未发生洪涝灾害,预测发生了洪涝灾害;FP 表示实际发生了洪涝灾害,预测未发生洪涝灾害;TN 表示实际未发生洪涝灾害,预测也未发生洪涝灾害。

计算精确率(P)和召回率(R)两者之间的调和平均数 F:

$$F = \frac{2P \times R}{P+R} \tag{7-12}$$

通过以上公式进行洪涝灾害风险评估模型精度的验证,精度越高的模型所得出的结果就越准确。

7.3 洪涝灾害风险模型验证

7.3.1 洪涝风险评估模型验证

7.3.1.1 模型精度测试结果

基于混淆矩阵绘制过程，导入 30%的测试集，绘制出混淆矩阵，混淆矩阵可以直观地反映实际发生洪涝的样本数量和预测发生洪涝灾害之间的数量关系，主对角线表示现实是否发生洪涝灾害和预测是否发生洪涝灾害的样本数量。混淆矩阵如图 7-6 所示。

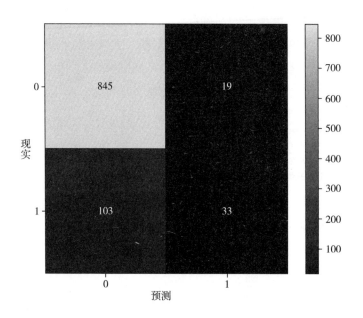

图 7-6 混淆矩阵

由图 7-6 可以看出，随机选取的 1000 项数据中，有 845 项实际没有发生洪涝灾害，预测也没有发生；有 19 项实际没有发生，但是预测发生了；有 103 项实际发生，但是预测没有发生；有 33 项实际发生了，预测也发生了。主对角线上有 878 例实际结果与预测结果相符，只有副对角线 122 例结果不相符，说明模型性能整体较为优秀，正确率为 87.8%。

在得到混淆矩阵的结果后，通过前文的模型精度测试可以进一步得出模型精度。模型的准确率较高，达到 0.878，说明模型性能较为优秀。

7.3.1.2　指标相关性分析

相关性分析是指在两个或者多个指标变量元素间进行分析，从而衡量两个变量之间的相关性。本节采用机器学习中最常用的指标相关性分析方法——Pearson 相关系数，采用该方法对六项洪涝灾害指标之间的相关性和是否发生洪涝之间的相关性直观地表示出来。本节采用 Python 中已经包装好的语句，导入数据集，得出相关性分析结果，将"是否发生洪涝"一项改名为机器学习中通用语句"ISRUN"。相关性结果如图 7-7 所示。

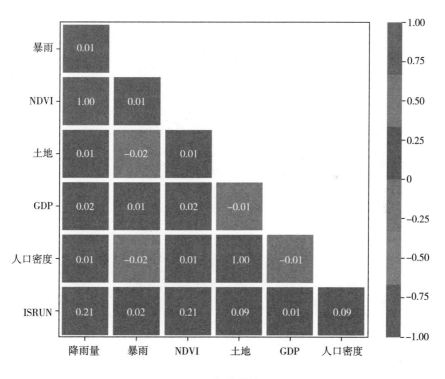

图 7-7　相关性结果

从图 7-7 可以直观地看出各指标间的相关性关系，从纵坐标可以看出，洪涝的发生情况与降雨量和归一化植被指数（NDVI）的相关性最高，为 1.00，因此在洪涝灾害发生前需注意这两个方面的防治工作，在洪涝灾害发生后也要在第一时间解决这两个方面的问题；土地和人口密度的相关性也为1，这是由于人口越多的地区所占的有用的土地往往就越多，同样地，土地受灾越严重的地区往往是人类活动较多的地区，说明在发生洪涝灾害后，在注重减少人口损失的同时，还需要注意土地的损失情况。

7.3.1.3 洪涝指标重要性结果

通过前文随机森林的重要性结果可以看出道路、高程、坡度和河网的重要性最低，没有超过 0.1，因此为了评估结果的准确性，需要将这四项指标剔除，将剩余的指标数据代入 XGBoost 模型中，得到新的指标重要性，然后进行综合风险评估。XGBoost 指标重要性结果如图 7-8 所示。

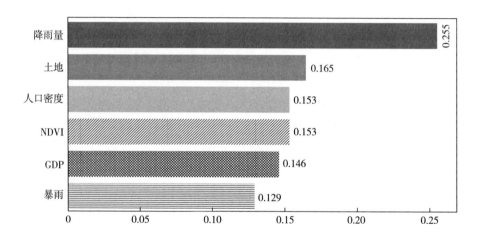

图 7-8 XGBoost 指标重要性结果

从图 7-8 可知，降雨量是引发洪涝灾害最主要的因素，其重要性比例超过 0.2，NDVI、土地、GDP、人口密度的重要性比例超过 0.1，说明这四项是影响洪涝灾害较为重要的因素，优化后选取的指标都很契合研究区域的洪涝灾害风险评估。

降雨量在洪涝灾害的产生中重要性最大，这与实际相符，因为洪涝灾害产生的直接影响因素就是降雨，降雨量越大，可能会导致地区积水越多，越容易产生洪涝灾害。

虽然暴雨同降雨量一样影响洪涝灾害，但是暴雨并不是一直发生，发生概率较小，所以重要性数值较低，天数越多就越容易发生洪涝灾害。

归一化植被指数高的地区其吸水能力越好，因此该指标是影响洪涝灾害的重要指标之一，该结果与现实契合。

土地、人口、GDP 是洪涝灾害发生过后最重要的受灾因素，是洪涝灾害的承担体，所以重要性相对较高。

7.3.2　风险评估结果

7.3.2.1　致灾因子危险性验证

致灾因子危险性反映了洪涝灾害程度，通过选取南昌市 2000～2020 年的降水数据，并根据有关资料将数据分为降雨量和暴雨两种类型。

通过所获得的降雨量和暴雨的权重以及处理后的各个地区所对应的数据，代入前文的致灾因子危险性的公式中，最终得到各个地区的致灾因子危险性系数。各个地区致灾因子危险性雷达如图 7-9 所示。

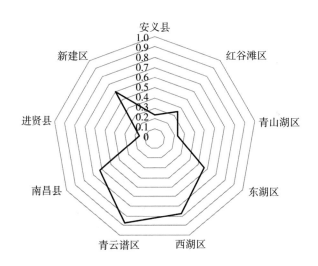

图 7-9　各个地区致灾因子危险性雷达

由各个地区致灾因子危险性雷达图可以看出，青云谱区、西湖区、东湖区、南昌县和新建区属于风险较高地区，致灾因子危险性较高，说明该地区需要注意降雨量和暴雨，以防产生洪涝灾害；进贤县、安义县、红谷滩区和青山湖区的致灾因子危险性系数较低，这些地区属于较低风险地区。结合地图来看，南昌市的中心地区需要重视由于降雨和暴雨方面产生的洪涝灾害。

7.3.2.2 孕灾环境敏感性验证

孕灾环境敏感性是洪涝产生环境对洪涝灾害的敏感程度，选取植被归一化指数（NDVI）进行评估，数据获取自2000~2020年的《江西统计年鉴》，通过所获得的 NDVI 的权重和处理后的各个地区所对应的数据，代入前文的孕灾环境敏感性的公式中，最终得到南昌市各个地区的孕灾环境敏感性系数。各个地区孕灾环境敏感性雷达如图 7-10 所示。

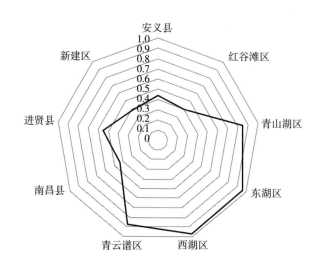

图 7-10　各个地区孕灾环境敏感性雷达

由各个地区孕灾环境敏感性雷达图可以看出，青云谱区、西湖区、东湖区和青山湖区的敏感性指数最高，且对比南昌市的地图来看，这些地区都属于城市中部的主要地区，这说明孕灾环境的敏感性与城市的发展相关，这些地区应该防治以上五个指标所引起的洪涝灾害风险。

7.3.2.3 承灾体脆弱性验证

承灾体脆弱性是指洪涝发生后承灾体对于灾害的承受能力，是洪涝发生过后造成的各种损失，体现了城市的承灾能力，选取土地、GDP、人口密度进行评估，通过所获得的土地、GDP 和人口密度的权重以及处理后的各个地区所对应的数据，代入前文的承灾体脆弱性的公式中，最终得到各个地区的承灾体脆弱性系数。各个地区承灾体脆弱性雷达如图 7-11 所示。

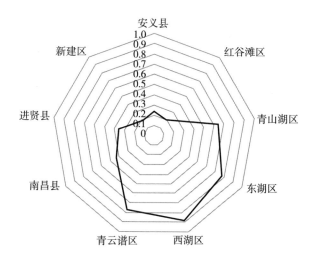

图 7-11　各个地区承灾体脆弱性雷达

由各个地区承灾体脆弱性雷达图可以看出，青云谱区、西湖区和东湖区的敏感性指数较高，且对比南昌市的地图来看，这些地区都属于城市中部的主要地区，因此其在发生洪涝灾害后所造成的损失相对较高，其风险性较高；相对的其他地区风险系数较小，脆弱性指数低，洪涝产生的风险较低。

7.3.3　洪涝灾害综合风险评估结果

洪涝灾害分为降雨洪涝和山洪等，而本章的研究基于降雨量的城市洪涝灾害，因此洪涝灾害的直接影响因素是降雨量，对于降雨量对洪涝灾害产生的影响研究是十分必要的，基于前文的 XGBoost 模型，将降雨量数据导入模型。降雨量依赖图结果如图 7-12 所示。

从图 7-12 可以很明显地看出指标和洪涝灾害的产生概率之间的关系，降雨量与洪涝灾害大致呈正相关，随着降雨量的增大，洪涝灾害的发生概率就越大。当降雨量在 200 毫米以内时发生洪涝灾害的可能性很小，不需要特别注意洪涝灾害的防治；但是当降雨量超过 200 毫米时需要格外注意洪涝灾害的发生。

洪涝灾害综合风险评估是将前文的致灾因子危险性、孕灾环境敏感性和承灾体脆弱性综合起来，根据有关资料文献所获得的权重，将所有因素导入，最终得到评估结果。洪涝风险权重如表 7-3 所示。

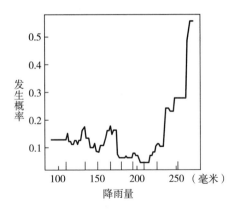

图 7-12　降雨量依赖图结果

表 7-3　洪涝风险权重

指标	致灾因子危险性风险	孕灾环境敏感性风险	承灾体脆弱性风险
W	0.8	0.8	0.2

通过选取随机森林优化后的指标，将筛选后的六项指标数据代入 XGBoost 模型中计算重要性权重，然后将六项灾害指标的数据和对应的重要性权重导入洪涝灾害风险评估模型，获得优化后选取指标的重要性。

将灾害指标重要性和数据导入公式，在获得致灾因子危险性、孕灾环境敏感性和承灾体脆弱性三个方面的风险系数后，根据其所对应的权重计算获得洪涝风险系数 $R(X)$，将结果导入 ArcGIS 中，最终得到可视化洪涝灾害风险评估结果。

由风险评估结果可以看出，南昌市的整体高洪涝风险灾害占比相对较小。按照风险等级从高到低进行分析，南昌市的中部地区包括青山湖区大部分、东湖区南部、西湖区、青云谱区和南昌县的西北部地区都属于洪涝灾害的高发区，洪涝灾害风险系数较高，还有进贤县的中西南部地区和安义县的中部地区风险系数也相对较高，但是相比于其他高风险地区，受灾区域较小，这些地区需要注意洪涝灾害的防范，以及灾害过后的重建与复苏。

对于南昌市安义县的中部高风险地区附近、新建区的中部和西南部、进贤区的中部高风险附近和南昌市中部高风险周围属于中风险地区，虽然说该区的风险系数相对较小，但是发生洪涝灾害风险的可能性依然很高，这些地区还是需要保持对洪涝灾害的高度防范，防止由于防涝意识疏忽而产生洪涝灾害，避免不必要的经济损失。

虽然低风险地区发生洪涝灾害的可能性最小，但是仍需要注意对于洪涝灾害的检测和预防。由于南方的降雨偏多，所以发生洪涝灾害的可能性虽然小但是依然存在。

南昌市高风险地区的周围都伴随着中风险地区，这是由于洪涝灾害如同地震等其他自然灾害，会对周围的很大范围造成一定的影响。因此，处于高风险地区的人需要加强防洪抗洪的意识，对于来临的洪涝灾害需要能快速地采取应对措施；同样地，对于中风险地区的人，地处高风险灾区附近，也需要加强洪涝灾害防治意识；其他低风险地区可能存在洪涝灾害的发生，但是概率不大，该地区的人对于洪涝灾害的情况了解即可。

7.4　本章小结

在当今这个自然灾害频发的时代，对自然灾害进行风险评估十分重要。"水火无情"，尤其是洪涝灾害，无疑是造成巨大损失的自然灾害之一，因此对于洪涝灾害的风险评估显得尤为重要，通过对于洪涝灾害的风险评估可以更好地帮助人们注意在哪些方面和哪些重点地区进行洪涝灾害的预防。

一是洪涝灾害指标的选取。本章通过查找了大量文献资料，通过指标体系法和有关洪涝灾害学的理论知识，将洪涝灾害风险评估分为致灾因子危险性、孕灾环境敏感性和承灾体脆弱性三个方面并进行分析，同时选取对应的指标，其中致灾因子选取了降雨量和暴雨两项指标；孕灾环境选取了道路、高程、坡度、河网和归一化植被指数（NDVI）五项指标；承灾体选取了土地、GDP 和人口密度三项指标。先求三个方面的风险系数，最后代入洪涝灾害综合风险系数公式得出结论。

二是基于随机森林的指标重要性分析。通过随机森林测试，将研究城市的数据导入测试，从所得到的洪涝灾害风险的十项指标的重要性来看，重要性最高的几项为降雨量和暴雨，因此应该注重观察天气，对于降雨量大的地区应该及时排水，防止由于降雨产生的积水过大导致洪涝灾害；归一化植被指数（NDVI）、土地、GDP 和人口密度的重要性相对较高，也需要着重注意；道路、高程、坡度和河网的重要性相对较低，由于城市发展较快，这些方面的技术相对较高，只需按时检查注意即可。

第8章 基于大数据的地震灾害风险感知与预测分析

8.1 地震数据爬取及预处理

8.1.1 数据获取方式及数据来源

在大数据时代下,可以通过快捷的网络爬取工具来快速获得所需要的数据,例如,Python、八爪鱼、集搜客、Web Scraper、AnyPapa等多种快捷的爬取数据的软件工具,可以为需求者节省大量的时间。

根据有关地震灾害资料和相关文献的参考与阅览,对地震灾害所造成的破坏及其危险性有一个大致的了解,而针对地震灾害所造成的风险,需要根据合适的指标因素以确定其风险的大小。对此,通过相关科学、有权威性的网站以获取所需的数据集。其内容大致有地震强度、人口、经济及建筑物等数据。其中,主要数据包含全球地震统计数据和地震灾害的年度数据,全球地震统计数据是从国家地震科学数据中心中获取,地震灾害的年度数据是从国家统计局中获取的。各类数据来源如表8-1所示。

表8-1 各类数据来源

数据类型	数据来源
地震数据	国家地震科学数据中心
	中国地震局
	国家数据
	中国地震动参数区划图

数据类型	数据来源
人口数据	中国互联网络数据中心
	国家统计局
	中国人口
建筑物数据	各省地年鉴
经济数据	国家统计局
	国家数据
	各省份的年鉴

8.1.2　数据集爬取

本章研究的部分数据可以通过阅读大量资料而获得，部分数据需要统计分析后获取，有些数据如人口数据、经济数据等可通过搜寻各省份的年鉴可直接拿来使用，而另外一些数据需要进行简单处理后才可以被使用，此外，还通过爬虫软件爬取国家地震科学数据中心、中国地震局以获取地震信息。具体步骤：①获知爬取数据的目标网页；②将目标网址复制于八爪鱼自定义任务当中；③按其爬取要求获取相关所需数据。

首先，将网页复制于自定义任务中，根据实际需求，选取相关元素及子元素以确定爬取内容，又因数据一般是多页展示，因此接下来需要设置翻页，但其循环次数不可过大，之后便可实现循环翻页爬取。循环翻页爬取流程如图 8-1 所示。

其次，通过在八爪鱼中所设定的循环翻页提取模式进行数据爬取，待其爬取完成后，便进行导出数据，其导出方式有 Excel（xlsx）、CSV 文件、HTML 文件、JSON，另外也可导出到数据库，如 MySQL、Oracle。按照上述流程，便可获取所需要的数据。

全国最新地震目录中收集了 13012 条记录，该数据集中包含 7 种属性。分别为序号、发震时刻、经度、维度、震源深度、震级、震中位置。各类属性释义如表 8-2 所示。

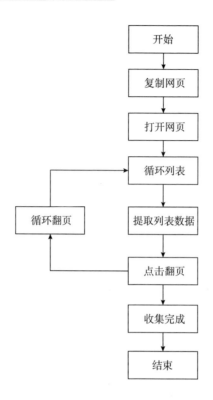

图 8-1　循环翻页爬取流程

表 8-2　各类属性释义

属性名称	释义
序号	用于标识事件
发震时刻	表示地震发生时刻
经度	泛指球面坐标的横坐标
纬度	泛指球面坐标的纵坐标
震源深度	表示从震源到地面的垂直距离，单位千米
震级	表示地震的大小
震中位置	表示地震时地面上震动最为强烈的区域，是地震的核心部位

此外，还获取了 2012～2021 年的地震年度数据。数据内容包含时间、地震灾害次数（次）、5.0～5.9 级地震灾害次数（次）、6.0～6.9 级地震灾害次数（次）、7.0 级以上地震灾害次数（次）、地震灾害人员伤亡（人）、地震灾害死

亡人数（人）、地震灾害直接经济损失（万元）。

8.1.3　数据预处理

针对数据分析，数据显然是核心，但并不是所有数据都是有用的，多数数据参差不齐、概念含糊、数量级不同，这会给后续的数据处理带来很大的麻烦。由于真实世界的数据通常存在噪声、缺失值和不完整性等问题，为了确保数据的质量符合后续处理的规范和要求，需要对数据进行预处理。通过预处理数据，可以消除噪声、填补缺失值、清洗数据等，达到提高数据质量的目的。这样可以让数据更易于分析和应用，从而更好地满足工作的需求。

8.1.3.1　数据清洗

数据清洗是指通过一系列操作从原始数据中去除脏数据、重复数据、不一致数据、异常数据等问题数据，以生成干净、规范、可信、适合分析的数据。数据清洗的目的是提高数据的准确性、完整性和一致性，从而更好地支持数据分析和业务应用。数据清洗包括但不限于以下几种操作：去重，删除数据集中的重复记录；缺失值填补，填充数据中缺失的值；异常值处理，删除或者校正与数据值范围不符合的数据；格式一致性处理，把数据格式调整为可分析的标准规范格式；文本清洗，清除文本中的非法字符、转义字符和特殊符号等。

首先，将获取数据用 Excel 打开并进行数据清洗工作，由于数据爬取之后有一部分数据是无用的，将其中不需要的数据删除，而不同的数据存储和环境对于缺失值的表示结果不同，数据库中是 Null，Python 中是 None，Pandas 和 Numpy 中是 Nancy。在此，选择的处理方式是直接丢弃缺失值，这种方式会直接删除带有缺失值的行记录（整行删除）或者列字段（整列删除），减少确实数据记录对总体数据的影响。

对部分缺失值进行的操作是直接删除，因为这种丢失的数据无法找回，所以直接删除这部分内容，使用剩余的数据便可。

又因为爬取的数据有 0 值和空白值，并不方便使用数据，因此将空白格数据填写为 0 值使用。

上述数据记录中，包含了 8 种属性，其分别为时间、地震灾害次数、5.0～5.9 级地震灾害次数、6.0～6.9 级地震灾害次数、7.0 级以上灾害次数、地震灾害人员伤亡、地震灾害死亡人数和地震直接经济损失。该数据统计了 2012～2021 年地震数据。

其次，对空白格进行填充处理，Excel 中 ctrl 加 g 组合键弹出定位窗口并选择空值选项。

再次，点击定位，所有空值将会被选中标记。

最后，将 0 值随意填写到表格中，然后使用 ctrl 加 return 组合键将所有空值全部填写为 0 值，这样该数据内容更为准确，以便于后续运用更加准确。

此外，在数据爬取的过程中，有时候会出现重复记录的情况，需要对这些重复记录进行删除处理。重复记录会影响数据的准确性和可靠性，因此在进行数据分析和挖掘之前需要对重复数据进行检查和处理。重复记录是指数据集中存在重复的观测，可能是由于数据重复爬取、数据源本身存在重复数据或其他未知原因引起。为了确保分析结果的准确性，需要对这些重复项进行检验和剔除。对其重复项直接采取删除处理，这样对后期数据分析的准确性不会产生太大的影响。

具体处理执行过程步骤如下：

第一，在 Python 中使用 pandas 库，将该库导入到程序中，使用 import pandas as pd 代码完成了该任务。Pandas 是一个开源的数据处理和分析库，它为 Python 提供了高效的数据结构和数据分析工具。

第二，读取了 xlsx 文件。df = pd. read _ Excel（'全球最新地震目录 230428. xlsx'）。

第三，删除特定行。df = df［~ df［'列名'］. isin（［'598'，'602'，'603'，'606'，'608'，'609'］）］。

第四，填充缺失值为 0。df. fillna（0，inplace = True）。

第五，删除重复值。df. drop_ duplicates（inplace = True）。

第六，替换数据。df［'列名'］= df［'列名'］. replace（'原数据'，'新数据'）。

这样便完成了对上述数据的处理，保证了数据的准确性与完整性。

8.1.3.2 数据变换

数据变换就是转化成适当的形式，通过规范化处理、离散化处理以及稀疏化处理等方式将数据转换成适用于数据挖掘的形式，从而更好地满足软件或分析理论的需要。由于在国家地震科学数据中心中所记录的震源深度的单位是千米，而实际应用计算当中需要的是以米为单位的数据值，为符合实际应用需求计算，先将其做出变换。具体过程：首先，在空白单元格输入 1000；其次，复制，全选需要处理的一列，右键选择选择性粘贴选项；最后，将弹出的对话框中选择乘选项，确认数据就自动换算为米单位。

8.2　地震灾害风险评估与预测模型构建

8.2.1　地震灾害风险评估与预测分析架构

地震灾害的突然发生往往会产生大面积的破坏与影响，对整个社会造成巨大的经济损失，对人民群众的生命安全也会造成不同层次的伤害，往往在地震发生过后，很多公众会受伤或死亡。当不同强度的地震发生后，该地区的环境也会发生不同层次的改变，随着地震发生次数的改变，人员伤亡程度也不同，因此对地震灾害所造成的风险的研究以及对其进行预测分析显得颇为重要。因而，可以从地震灾害的人员伤亡风险、经济损失风险、不同频次地震灾害造成的风险三个方面对地震灾害风险进行评估与预测。地震灾害风险分析框架如图 8-2 所示。

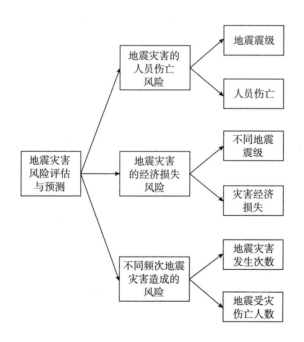

图 8-2　地震灾害风险分析框架

上述三种风险共同构成了地震灾害风险评估与预测的分析框架，地震灾害的人员伤亡风险从地震震级方面来对人员伤亡进行分析，经济损失风险从不同的地震震级来对经济损失进行分析，不同频次地震灾害造成的风险是从地震发生的次数来对地震受灾人群伤亡人数进行分析。

8.2.1.1　地震灾害的人员伤亡风险分析

本节选取了地震震级与人员伤亡作为人民群众的伤亡风险评估指标。地震常常伴随强烈的地震震动，可以导致建筑物倒塌、地质滑坡及其他灾害，房屋上的瓦片或其他物品掉落，或者大型建筑物部分或全部垮塌，从而出现人员伤亡和失踪。在强震地区，地震甚至会对整个城市造成毁灭性的影响，导致大量人员伤亡。

地震疏散不及时或不完全会导致人员被困或受伤。地震时，人员需要能够快速有效地逃离危险区域，如果疏散计划不完善或人们无法及时接收到警报，则可能造成人员困在危险区域内。此外，在地震震级大时，地震可能导致可燃物或有毒气体泄漏或释放，可能使人员窒息或中毒。因此，地震强度大的情况下，会导致建筑物坍塌、地质滑坡以及造成毒气释放等事件发生，从而使人民群众受其影响，造成了人民群众不同的伤亡情况。

8.2.1.2　地震灾害的经济损失风险分析

本节选取了不同地震震级与灾害经济损失作为经济损失风险评估指标。不同等级的地震会对社会经济产生不同程度的风险。强震地区的建筑物和基础设施必须经过严格的防震设计和监测，否则发生严重地震时可能会导致这些设施的损毁。由于建筑物和基础设施的重建和修复需要大量资金，这将对社会和政府的财政造成巨大的经济压力。

从生产力方面来看，震级过高的地震不仅会破坏物理资产，还可能影响生产力。由于地震可能导致人员受伤或死亡、物流运输中断，这可能影响生产，导致经济衰退和长期损失。此外，还有一些强震区域具有重要的旅游景点，地震可能会破坏一些旅游景点，并导致旅游收入的减少，从而造成社会整体经济的损失。因而，从整体来讲，不同震级的地震发生时，往往会从多方面对社会产生不利的影响，地震发生时会直接对建筑房屋、桥梁大坝等造成伤害。此外，地震可能导致企业停工，使经济流动性降低，为企业带来损失，长时间停产会导致企业无法正常运作，可能导致工人失去工作和企业倒闭，从而使社会的经济风险直接或间接地受其影响。

8.2.1.3　不同频次地震灾害造成的风险分析

本节选取了地震灾害发生次数与地震受灾伤亡人数作为不同频次地震灾害造成的风险评估指标。地震发生的次数对人员伤亡有一定的影响。一方面，频繁发生的小地震可能不会对人员造成严重的伤害；另一方面，较少但强度较大的地震可能会造成严重的伤亡和财产损失。频繁发生的小地震可能并不会对人员造成严重的伤害。这些小地震可能会破坏建筑物和基础设施，但由于其震级较小，一般情况下不会导致建筑物和基础设施的倒塌，也不会造成大规模的人员伤亡。但是，频繁发生的小地震可能导致"灾后综合征"。这是由于频繁地震所引起的不安和恐慌可能会对居民产生创伤。此外，频繁的地震还给生产、日常生活带来很大的影响。

发生较多但强度较大的地震可能会对人员造成严重的伤亡和财产损失。此外，大量的土地裂缝和火灾等灾害现象可能造成更大的伤亡和损失。在人口稠密地区，地震发生的频次可能会对伤亡造成更大的影响。例如，如果一系列大地震发生在一个城市或地区中，那么难以避免的就是人员伤亡的数量可能会更加严重。因此，地震发生的频次越多，则在一定程度上受灾伤亡人数也越发得多。

8.2.2　地震灾害的人员伤亡风险模型构建

本节选取 Python 来搭建模型，将地震人员伤亡的年度数据导入其中，对其缺失值进行处理，去掉其中无用的数据。

本节使用决策树回归模型来预测地震灾害人员伤亡。

假设有一个数据集，其中包含地震灾害的震级次数以及对应的人员伤亡数据。用这些地震伤亡数据来训练一个模型，预测在未来发生的地震灾害中可能会导致的人员伤亡。

（1）准备数据并划分训练集和测试集

准备地震伤亡数据。通常情况下，数据分为特征和目标，特征是用来进行预测的属性，目标是想要预测的值。在本例中，特征是地震灾害的震级次数，目标是伤亡人数。将数据划分为训练集和测试集。训练集用于训练模型，测试集用于评估模型，以检查其是否具有普适性。可以使用 Scikit-learn 库中的 train_ test_ split 方法来将数据集分为训练集和测试集。

（2）建立决策树回归模型

决策树回归模型是一种基于树结构的机器学习算法。它将数据集分成不同的数据子集，在每个子集上递归地运行决策树算法，从而构建一个决策树模型。在预测时，数据将从根节点开始遍历树，并根据每个节点的特征值选择相应的分支，最终到达叶节点得到预测结果。

（3）训练决策树回归模型

使用 train_ test_ split 方法将数据集分为训练集和测试集后，可以使用 Sci-kit-learn 库中的 DecisionTreeRegressor 方法来创建一个决策树回归模型，并使用 fit 方法在训练集上训练模型。

（4）使用训练好的模型预测结果

训练完成后，可以使用 predict 方法来使用训练好的模型对测试集和新数据进行预测。在本例中，使用 predict 方法来预测了 5.0~5.9 级地震灾害、6.0~6.9 级地震灾害和 7.0 级以上地震灾害对应的人员伤亡。

（5）评估模型性能

使用 mean_ squared_ error 方法计算地震灾害人员伤亡预测结果与真实结果之间的均方误差（MSE），predictions 是使用模型对测试集进行预测得到的输出值，y_ test 是测试集的真实值，使用 np. sqrt 计算出平方根，然后使用 Numpy 库中的 sqrt 函数计算均方根误差（RMSE）。RMSE 提供了一个指标来衡量模型预测错误的平均量。

均方误差（MSE）公式：

$$MSE = \frac{1}{n} \sum_{i=1}^{n} (y_i - \hat{y_i})^2 \qquad (8-1)$$

其中，n 是样本数量，y 是真实值，i 是预测值。

均方根误差（RMSE）公式：

$$RMSE = \sqrt{MSE} \qquad (8-2)$$

通过上述步骤，可以使用决策树回归模型来预测可能的地震灾害人员伤亡情况，并使用 RMSE 作为性能评估指标。

8.2.3　地震灾害的经济损失风险模型构建

对社会的经济风险评估与预测分析模型架构与人员伤亡风险模型框架相似，在这里研究的对象不同，研究的是不同地震震级对社会造成的经济损失风险。地震灾害的经济损失风险模型流程如图 8-3 所示。

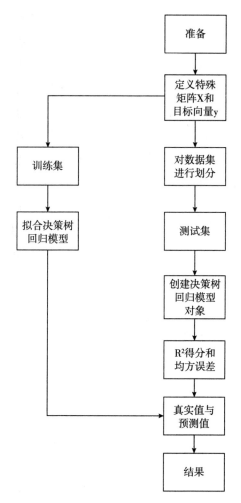

图8-3 地震灾害的经济损失风险模型流程

该模型主要步骤：①导入必要的库和地震经济损失数据；②定义特征矩阵 X 和目标向量 y；③将地震经济损失数据集分为训练集和测试集；④创建决策树回归模型对象，指定叶节点最小样本数和最大深度等参数；⑤在训练集上拟合决策树回归模型；⑥使用测试集评估模型的性能，计算 R^2 得分和均方误差；⑦可视化模型在测试集上的表现，将不同地震震级造成的经济损失真实值和预测值绘制在同一张图上；⑧可视化模型的决策边界，将模型的经济损失预测结果绘制在二维平面上。

使用该决策树回归模型对地震等级和经济损失之间的关系进行建模和预测。具体来说，首先，将数据集中的地震等级特征划分为三个子特征：5.0~5.9级地震灾害次数（次）、6.0~6.9级地震灾害次数（次）、7.0级以上地震灾害次数（次），然后以这三个特征作为输入，以地震灾害直接经济损失（万元）作为输出，拟合了三个不同等级的决策树回归模型。该模型使用 train_ test_ split 函数将数据集分为训练集和测试集，并实例化了一个 DecisionTreeRegressor 对象，即决策树回归模型。其次，使用 fit 方法对模型进行拟合，使用 predict 方法对测试集进行预测，并使用 mean_ squared_ error 函数计算模型的均方根误差（RMSE）。最后，使用 predict 方法对地震灾害经济损失进行预测，并将预测结果输出，其使用了 Numpy 库的 sqrt 函数计算 RMSE 的平方根。

8.2.4 不同频次地震灾害造成的风险模型构建

在不同频次地震灾害造成的风险模型中，采用了线性回归（Linear Regression）方法来对地震灾害发生次数和伤亡人数进行预测和风险评估。

线性回归是一种常见的机器学习方法，它通过对数据进行拟合，寻找最优的线性模型，并根据该模型进行预测和评估。

具体而言，假设有一个数据集 $D=(x_1, y_1), (x_2, y_2), \cdots, (x_i, y_i), \cdots, (x_n, y_n)$，其中 x_i 表示第 i 个地震灾害的时间，y_i 表示该地震的发生次数或人员受伤情况。

$$y=b_0+b_1x \tag{8-3}$$

其中，y 表示地震灾害发生次数或者人员伤亡人数，x 表示时间，b_0 和 b_1 分别是模型的截距和斜率，表示在给定的时间点 x，地震灾害次数或者人员伤亡的变化量。

线性回归的目标就是通过学习最优的线性模型 $y=w_0+w_1x_i$，使该模型的地震伤亡人数预测结果与真实值之间的平均误差最小。

具体公式为：

$$\min_{w_0, w_1} \frac{1}{n} \sum_{i=1}^{n} (y_i-(w_0+w_1x_i))^2 \tag{8-4}$$

其中，w_0 和 w_1 分别表示截距和斜率。通过求解上述最小化问题，可以得到最优的模型参数，并根据该模型对地震灾害的发生次数和人员伤害情况进行预测和评估。该模型的具体步骤：①读取数据文件（sj. xlsx）并删除包含空数据的行；②将时间戳转换成年份，并将数据类型转换成整型；③选择需要分析的列，并提取需要预测的数据；④绘制过10年地震次数和伤亡人数的趋势图；⑤选取特征和标签列，创建线性回归模型，并对模型进行训练；⑥使用训练好的模型进行预测，并将预测结果添加到图形中展示，以及 2021 年地震次数和伤亡人数的预测值。

　　在本方法中，采用了 Scikit-learn 库中的 Linear Regression 方法来实现上述线性回归模型的构建和训练，并对结果进行评估。除线性回归方法之外，还可以使用其他机器学习方法，如决策树、随机森林等。

8.3　全国地震灾害风险评估与预测可视化分析

8.3.1　地震灾害的人员伤亡风险评估与预测可视化

　　针对人民群众的伤亡风险评估与预测，这里使用拟合决策模型来预测地震灾害人员伤亡情况。

　　首先，将 sj. xlsx 原始地震数据导入进去，数据中包含不同地震的震级数和地震人员伤亡人数，再通过 Scikit-learn 库中的 train_ test_ split 函数，将该地震数据分为训练集和测试集。使用三种不同震级的地震灾害次数作为特征，地震灾害人员伤亡作为目标值。这里对 2012～2021 年地震造成人员伤亡人数数据进行了一个可视化实现。地震人员伤亡情况如图 8-4 所示。

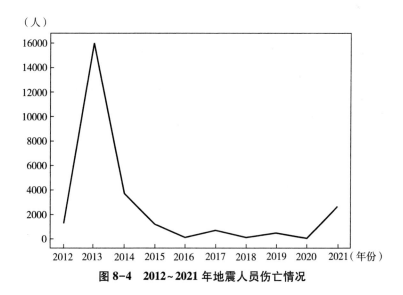

图 8-4　2012～2021 年地震人员伤亡情况

其次，使用 DecisionTreeRegressor 类创建决策树模型并使用训练数据拟合该模型。使用 mean_ squared_ error 函数，用于计算均方误差；从读取的数据中选取了 3 个特征列作为自变量 x_ data，选取了地震灾害人员伤亡数作为因变量 y_ data，使用 train_ test_ split 函数将数据集随机分成 80% 的训练集和 20% 的测试集，分别将训练集和测试集的自变量和因变量赋给四个变量：x_ train、x_ test、y_ train 和 y_ test。

最后，使用测试数据进行预测。通过使用均方误差和根均方误差评估模型的性能，并使用预测值进行测试样本的预测。在此过程中，模型使用了随机种子（random_ state 参数）来确保每次运行的结果都是一致的。最终，将预测结果输出到控制台，包括预测的 RMSE 和对于不同震级的地震次数，模型预测的人员伤亡数量。各震级人员伤亡预测结果如图 8-5 所示。

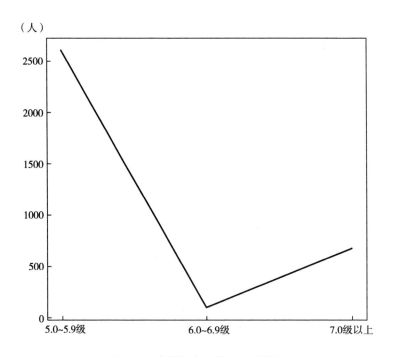

图 8-5　各震级人员伤亡预测结果

由模型可预测出不同震级地震所造成的人员伤亡人数。5.0~5.9 级地震伤亡人数预测数额为 2603 人，6.0~6.9 级地震伤亡人数为 104 人，而 7.0 级以上震级地震人员伤亡预测值为 676 人（见图 8-5）。由此可见，发生震级较高的地震时，其受灾伤亡人群数量很大，因此，这些地震对人民群众所造成的风险颇大。

此外，对 7.0 级地震真实伤亡人数与该模型预测伤亡人数进行可视化分析。使用 Python 语言，首先，使用 pd. read_ Excel（）函数读取了名为 dz. xlsx 的 Excel 文件中的真实数据 real_ data，该数据包含了各级数地震对应的真实伤亡人数。其次，将预测伤亡人数和真实伤亡人数以及地震级数存储为字典 data 的形式。其中，预测伤亡人数使用了名为 model_ decisiontree 的决策树模型进行预测，预测数据来自特征矩阵 ［1，3，1］。最后，使用 pd. DataFrame（）函数将 data 字典转换成 pandas 数据框 df 并作为参数传递给 df. plot（）函数进行可视化分析。7.0 级地震真实与预测伤亡人数如图 8-6 所示。

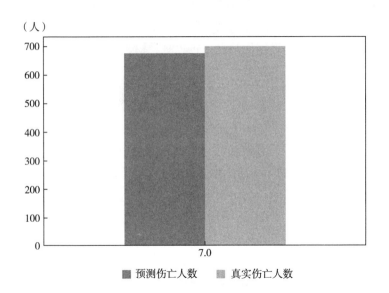

图 8-6　7.0 级地震真实与预测伤亡人数

根据可视化结果内容，发现其两者伤亡人数相差很小，该预测结果值得作为参考，因此也验证了该模型的正确性。未来发生地震可以根据该预测对真实伤亡人数进行数量统计。

8.3.2　地震灾害的经济损失风险评估与预测可视化

通过不同震级地震和灾害经济损失数额对社会的经济损失风险评估与预测进行分析，这里使用了决策树回归模型对其进行分析。

首先，从名为 sj. xlsx 的文件中读取数据，数据包含了地震灾害的发生次数和直接经济损失等信息。准备训练数据和测试数据，将数据分为训练集和测试集。x_ data 从 data 数据框中选择了 3 个列，即 5.0~5.9 级地震灾害次数（次）、6.0~6.9 级地震灾害次数（次）和 7.0 级以上地震灾害次数（次），并将其作为特征集合。y_ data 选择 data 数据框的地震灾害直接经济损失（万元）列作为标签集合。使用 train_ test_ split（）函数将数据集划分成训练集和测试集，划分比例为 test_ size=0.2，即测试集占 20%。设置 random_ state=42 是为了使结果可以再现。特征数据和标签数据分别存储在 x_ train、x_ test、y_ train 和 y_ test 四个变量中。

其次，创建决策树回归模型对象，指定叶节点最小样本数和最大深度等参数。在训练集上拟合决策树回归模型，使用测试集评估模型的性能，之后再计算均方根误差，对多个地震级别的数据进行预测，输出预测结果。不同震级地震经济损失预测结果如图 8-7 所示。

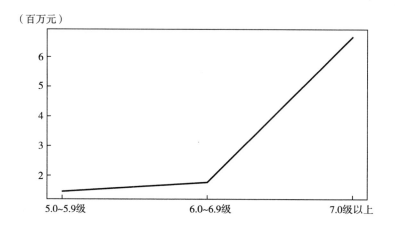

图 8-7　不同震级地震经济损失预测结果

根据决策树回归模型对不同震级地震经济损失进行了预测，还计算得出了决策树均方根误差。其中，5.0~5.9 级地震经济损失预测值为 1476600 元，均方根误差为 64577678.03；6.0~6.9 级地震所造成经济损失预测值为 1701018 元，其决策树均方根误差为 6457678.03；7.0 级以上地震经济损失预测值为 6652156 元，均方根误差与前者相同。由此结果可知，不同震级地震造成经济损失各不相同，其地震强度越大，造成的社会经济损失便越大，从而对社会经济造成的风险就越大。

最后，将真实数据和预测数据进行可视化，以分析预测结果的准确性。不同震级下的经济损失的预测值与真实值如图 8-8 所示。

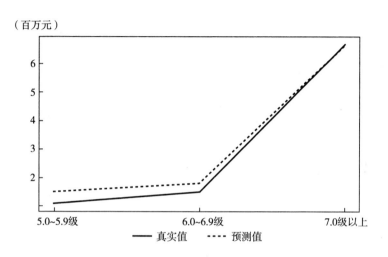

图 8-8　不同震级下的经济损失的预测值与真实值

该可视化结果表明，地震震级越高，则地震造成的经济损失越大。该模型得出了经济损失的预测值，将其与真实值进行对比。在 5.0~5.9 级和 6.0~6.9 级的地震经济损失真实值与经济损失预测值相差不大，而在 7.0 级之后，经济损失真实值和预测值几乎完全接近。因此，该模型对经济损失风险进行评估与预测具有合理性，其风险评估结果与预测值都具备准确性。

8.3.3　不同频次地震灾害造成的风险评估与预测可视化

在不同频次地震灾害造成的风险评估与预测分析中，使用了线性回归模型对近十年地震的灾害次数和人员伤亡数进行分析，并在此基础上预测了 2021 年的地震灾害次数和人员伤亡数。

本节对 2012~2021 年发生的地震次数数据进行可视化实现，发生地震次数如图 8-9 所示。

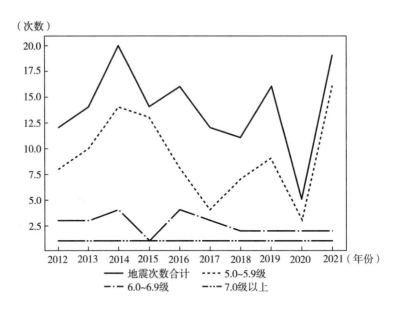

（次数）

图 8-9　2012~2021 年发生地震次数

首先，通过 pandas 包读取了一个数据表格"sj. xlsx"，并且对数据进行了清洗和预处理，如删除了包含空数据的行，将"时间"列的数据类型转换成了"年份"，以及选取需要分析和预测的列。其次，利用 matplotlib. pyplot 包对 2012~2021 年地震的灾害次数和人员伤亡数进行可视化展示，并且添加了图例和标签。再次，利用 sklearn. linear_ model 包中的 Linear Regression 模型对训练集数据（除 2021 年的数据）进行拟合和训练，并且利用该模型预测了 2021 年地震灾害次数和人员伤亡数，并将模型预测结果添加到前面绘制的可视化图中。最后，使用 matplotlib. pyplot 包输出预测可视化图，并且添加了预测结果的标记。2012~2021 年地震灾害次数和人员伤亡趋势及 2021 年预测值如图 8-10 所示。

由不同频次地震灾害造成的风险预测可视化结果可知，地震发生次数越多，其造成的地震伤亡人数越多。由于数据集中的地震灾害次数最多不超过 30 次，而纵坐标数值量级远大于其次数，因此在可视化图形中显现得不是很明显。整体来讲，符合地震发生次数越多，所造成人员伤亡数越多，因此，地震发生频次越高，其所造成的风险越大。

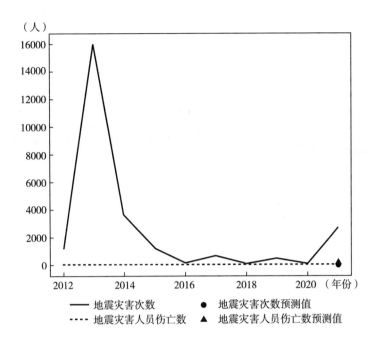

（人）

图 8-10　2012~2021 年地震灾害次数和人员伤亡趋势及 2021 年预测值

8.3.4　地震高频发生地区分析及防灾对策

8.3.4.1　全国高频地震发生地区统计分析

本节获取了 2016 年 11 月至 2023 年 4 月的全球最新地震记录目录，利用 Python 自带的词云图，将该全球地震数据代入进去，对地震发生次数较多的地震区域进行一个统计。地震发生较多地区统计如图 8-11 所示。

根据地震发生较多地区的可视化统计结果可知，新疆阿克苏地区库车市地震次数最多，为 90 次；瓦努阿图群岛、新疆阿克苏地区沙雅县、西藏阿里地区改则县发生地震较多，然后是新疆和田地区皮山县、新疆克孜勒苏州乌恰县、台湾台东县海域、台湾花莲县海域、塔吉克斯坦这些地区。这些地区属于地震发生的高频区域，当地人民群众需要加强地震防范，政府及有关部门需要加强地震灾害发生时的救护，制定相关的政策，引进一些预测地震的精密仪器，以保障人民群众的生命安全。

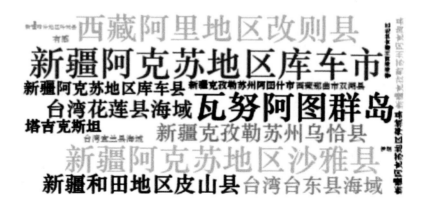

图 8-11 地震发生较多地区统计

8.3.4.2 减少地震灾害风险相应对策

地震是一种自然灾害，它不仅会造成人员的伤亡，还会给人们的经济带来巨大的损失。在这种情况下，加强地震安全管理至关重要，以尽可能减小地震危害。具体来说，主要从以下几个方面来加强地震安全管理：

（1）生命安全方面

地震时，人们面临生命安全的风险是很大的。为了保障人们的生命安全，可以考虑以下措施：①加强建筑结构安全性。在现代社会，为了适应地震的影响，建筑物基础和整体结构的稳定性至关重要。可以采用高耐震材料，对建筑物加固，提高建筑物的抗震性能。②培训应急避险技能。对于地震发生后的应急处理，培训应急避险技能对于处理地震引发的事故起到至关重要的作用。这包括人员的自身安全指导、现场防护注意事项、应急逃生等，可以让人们在地震发生后及时做出应急处理，尽量减少人员伤亡。③制定详细的灾难预案。灾难预案对应对地震等突发事件起到重要作用，必要时能够自救或互救，减少人员伤亡。④建立实时预警系统。预警系统能够预测地震发生的时间和地点，以减少人员死亡和伤害。此外，应该有意识地在低地和不稳定地区避免建设人口密度高和容易垮塌的建筑物，避免减少人员伤亡。

（2）财产安全方面

除了生命安全之外，地震还给人们的财产带来了很大的影响。为了减少地震灾害带来的经济损失，有必要在以下几个方面采取措施：①建设更加强壮的基础设施。在地震灾害时，很多基础设施会发生严重损坏。应该着重于加强基础设施，包括道路、桥梁、隧道等，以减少地震对这些设施的损坏。②建立保险补偿体制。为了减少地震对个人和企业的经济损失，应该建立保险体系，以确保在地震灾后，受灾群众不会陷入财务困境，企业也可以重新经营。③制定救助政策。政府或大型企业拨款，应尽早为受灾地区或个人提供紧急的物资援助、资金补助等形式的救助，因此制定相关政策，加强对地震灾害的紧急处置和适时救助的经费。④加强科学研究。研究地震灾害的成因和规律，以便制定更有效的灾后修复措施，降低地震灾害造成的损失。此外，政府可以促进企业进行地震灾后的投资，有利于恢复灾后的经济。

（3）心理健康方面

地震灾害发生后，地震造成的生命安全和财产损失会给人们带来严重的心理创伤。幸存者和目击者都可能受到创伤和惊吓，甚至可能出现严重的心理问题，如焦虑、抑郁、创伤后应激障碍等，因此采取相应的心理健康措施是必要的。针对性的心理干预是关键，在地震发生后，可以派遣专业心理医生或志愿者前往灾区进行心理咨询和帮助，以减轻受灾者的创伤和痛苦，帮助他们建立信心和勇气，规划未来的生活和工作。同时，也应该加强心理健康教育普及，加强对公众的心理健康知识宣传和培训，提高公众的心理健康素质和抗压能力。

综上所述，加强地震安全管理至关重要，这涉及人们的生命安全、财产安全、心理健康。在生命安全方面，应采取加强建筑结构安全性、培训应急避险技能、制定详细的灾难预案、建立实时预警系统等措施。在财产安全方面，应该建设更加强壮的基础设施、建立保险补偿体制、加强科学研究等措施。在心理健康方面，应派遣专业心理医生或志愿者前往灾区进行心理咨询和帮助，也应该加强心理健康教育普及，加强对公众的心理健康知识宣传和培训，提高公众的心理健康素质和抗压能力。只有从这些方面来加强地震安全管理，才能最大限度地减少地震危害、保障人们的生命和财产的安全。

8.4　本章小结

地震灾害作为一种自然灾害现象，其具有严重的破坏性，地震的发生总是令人猝不及防，以致地震后往往会造成众多损失，如环境的破坏、经济的损失、人员的伤亡以及人们精神上的损伤等。因此，对地震灾害进行风险评估与预测可以更全面地分析地震风险程度，本章从地震灾害的人员伤亡风险、地震灾害的经济损失风险、不同频次地震灾害造成的风险三个方面对地震灾害进行了风险评估与预测分析。

参考文献

［1］ Abbott R, Hadžikadić M. Complex Adaptive Systems, Systems Thinking, and Agent-Based Modeling ［M］// Hadžikadić M, Avdaković S. Advanced Technologies, Systems, and Applications. Lecture Notes in Networks and Systems, Vol. 3. Cham: Springer, 2017.

［2］ Abdulrahman S, Bwambale J. A Review on Flood Risk Assessment Using Multicriteria Decision Making Technique ［J］. World Water Policy, 2021, 7 （29）: 209-221.

［3］ Abebe E, Kebede H, Kevin M, et al. Earthquakes Magnitude Prediction Using Deep Learning for the Horn of Africa ［J］. Soil Dynamics and Earthquake Engineering, 2023 （170）: 107913.

［4］ Aerts J C J H, Botzen W J, Clarke K C, et al. Integrating Human Behaviour Dynamics into Flood Disaster Risk Assessment ［J］. Nature Climate Change, 2018, 8 （3）: 193-199.

［5］ Ahmad S, Simonovic S P. System Dynamics Modeling of Reservoir Operations for Flood Management ［J］. Journal of Computing in Civil Engineering, 2000, 14 （3）: 190-198.

［6］ Akbarian H, Gheibi M, Hajiaghaei-Keshteli M. A Hybrid Novel Framework for Flood Disaster Risk Control in Developing Countries Based on Smart Prediction Systems and Prioritized Scenarios ［J］. Journal of Environmental Management, 2022 （312）: 114939.

［7］ Al-Amin A Q, Nagy G J, Masude M M, et al. Evaluating the Impacts of Climate Disasters and the Integration of Adaptive Flood Risk Management ［J］. International Journal of Disaster Risk Reduction, 2019 （39）: 101241.

［8］ Alam M D J, Habib M A, Quigley K. Vulnerability in Transport Network during Critical Infrastructure Renewal: Lessons Learned from a Dynamic Traffic Micro-simulation Model [J]. Procedia Computer Science, 2017 (109): 616-623.

[9] Alkhaleel B A, Liao H, Sullivan K M. Risk and Resilience-Based Optimal Post-Disruption Restoration for Critical Infrastructures under Uncertainty [J]. European Journal of Operational Research, 2022, 296 (1): 174-202.

[10] Andrade E R, Reis A L Q, Alves D F, et al. Urban Critical Infrastructure Disruption After a Radiological Dispersive Device Event [J]. Journal of Environmental Radioactivity, 2020 (222): 106358.

[11] Anelli D, Tajani F, Ranieri R. Urban Resilience Against Natural Disasters: Mapping the Risk with an Innovative Indicators-Based Assessment Approach [J]. Journal of Cleaner Production, 2022 (371): 133496.

[12] Arvidsson B, Johansson J, Guldåker N. Critical Infrastructure, Geographical Information Science and Risk Governance: A Systematic Cross-Field Review [J]. Reliability Engineering & System Safety, 2021 (213): 107741.

[13] Atsa'am D D, Gbaden T, Wario R. A Machine Learning Approach to Formation of Earthquake Categories Using Hierarchies of Magnitude and Consequence to Guide Emergency Management [J]. Data Science and Management, 2023, 6 (4): 208-213.

[14] Aydin N, Cetinkale Z. Simultaneous Response to Multiple Disasters: Integrated Planning for Pandemics and Large-Scale Earthquakes [J]. International Journal of Disaster Risk Reduction, 2023 (86): 103538.

[15] Barattieri A, Borda P, Brugnoli A, et al. The Short-Run, Dynamic Employment Effects of Natural Disasters: New Insights from Puerto Rico [J]. Ecological Economics, 2023 (205): 107693.

[16] Baxley S M, Bastin N, Gurkan D, et al. Feasibility of Critical Infrastructure Protection Using Network Functions for Programmable and Decoupled ICS Policy Enforcement Over WAN [J]. International Journal of Critical Infrastructure Protection, 2022 (39): 100573.

[17] Berhich A, Belouadha F-Z, Kabbaj M I. An Attention-Based LSTM Network for Large Earthquake Prediction [J]. Soil Dynamics and Earthquake Engineering, 2023 (165): 107663.

［18］ Bernardes G F L R, Ishibashi R, Ivo A A S, et al. Prototyping Low-Cost Automatic Weather Stations for Natural Disaster Monitoring ［J］. Digital Communications and Networks, 2023, 9（4）: 941-956.

［19］ Bertinelli L, Mahé C, Strobl E. Earthquakes and Mental Health ［J］. World Development, 2023（169）: 106283.

［20］ Bhatia M, Ahanger T A, Manocha A. Artificial Intelligence Based Real-Time Earthquake Prediction ［J］. Engineering Applications of Artificial Intelligence, 2023（120）: 105856.

［21］ Bojorquez E, Ruiz S E, Rodríguez-Castellanos A. Bayesian Analysis-Based Ground Motion Prediction Equations for Earthquake Input Energy ［J］. Soil Dynamics and Earthquake Engineering, 2023（173）: 108115.

［22］ Chang T G, Li B H, Zeng X X. Prediction and Verification of Earthquakes Induced by the Xiluodu Hydropower Station Reservoir ［J］. Earthquake Science, 2022, 35（5）: 387-397.

［23］ Chen D H, Cai Z H, Wu H J, et al. Review of Distribution Network's Resilience Based on Typhoon Disaster ［J］. Energy Reports, 2022, 8（16）: 876-888.

［24］ Chen J Y, Chang K-H, Sheu J-B, et al. Vulnerability-Based Regionalization for Disaster Management Considering Storms and Earthquakes ［J］. Transportation Research Part E: Logistics and Transportation Review, 2023（169）: 102987.

［25］ Chen Y-E, Li C Y, Chang C-P. Identifying the Influence of Natural Disasters on Technological Innovation ［J］. Economic Analysis and Policy, 2021（70）: 22-36.

［26］ Cimellaro G P, Crupi P, Kim H U. Modeling Interdependencies of Critical Infrastructures after Hurricane Sandy ［J］. International Journal of Disaster Risk Reduction, 2019（38）: 101191.

［27］ Coates R. Infrastructural Events? Flood Disaster, Narratives and Framing under Hazardous Urbanisation ［J］. International Journal of Disaster Risk Reduction, 2022（74）: 102918.

［28］ Cui P, Peng J B, Shi P J, et al. Scientific Challenges of Research on Natural Hazards and Disaster Risk ［J］. Geography and Sustainability, 2021, 2（3）:

216-233.

［29］Demeter C, Walters G, Mair J. Identifying Appropriate Service Recovery Strategies in the Event of a Natural Disaster ［J］. Journal of Hospitality and Tourism Management, 2021 (46): 405-413.

［30］Djoumessi Y F, De Berquin Eyike Mbongo L. An Analysis of Information Communication Technologies for Natural Disaster Management in Africa ［J］. International Journal of Disaster Risk Reduction, 2022 (68): 102722.

［31］Du X Y, Lin X F. Conceptual Model on Regional Natural Disaster Risk Assessment ［J］. Procedia Engineering, 2012 (45): 96-100.

［32］Eldosouky A, Saad W, Mandayam N. Resilient Critical Infrastructure: Bayesian Network Analysis and Contract-Based Optimization ［J］. Reliability Engineering & System Safety, 2021 (205): 107243.

［33］Esmaiel A, Abdrabo K I, Saber M, et al. Integration of Flood Risk Assessment and Spatial Planning for Disaster Management in Egypt ［J］. Progress in Disaster Science, 2022 (15): 100245.

［34］Falco C, Corbi R. Natural Disasters and Preferences for the Environment: Evidence from the Impressionable Years ［J］. Economics Letters, 2023 (222): 110946.

［35］Fang Y-P, Sansavini G, Zio E. An Optimization-Based Framework for the Identification of Vulnerabilities in Electric Power Grids Exposed to Natural Hazards ［J］. Risk Analysis, 2019, 39 (9): 1949-1969.

［36］Fang Y-P, Sansavini G. Optimum Post-Disruption Restoration Under Uncertainty for Enhancing Critical Infrastructure Resilience ［J］. Reliability Engineering & System Safety, 2019 (185): 1-11.

［37］Fang Z C, Wang Y, Peng L, et al. Predicting Flood Susceptibility Using LSTM Neural Networks ［J］. Journal of Hydrology, 2021 (594): 125734.

［38］Fatimah H, Bangash S, Tariq A, et al. Time Series Temperature Anomalies for Earthquake Prediction Using Remote Sensing Techniques: A Case Study of Five Major Earthquakes in Pakistan's History ［J］. Advances in Space Research, 2023, 71 (12): 5236-5255.

［39］Fernández-Nóvoa D, González-Cao J, Figueira J R, et al. Numerical Simulation of the Deadliest Flood Event of Portugal: Unravelling the Causes of the Disaster

[J]. Science of the Total Environment, 2023 (896): 165092.

[40] Ficco M, Choraś M, Kozik R. Simulation Platform for Cyber-security and Vulnerability Analysis of Critical Infrastructures [J]. Journal of Computational Science, 2017 (22): 179-186.

[41] Fioravanti C, Guarino S, Mazzù B, et al. A Risk Assessment Framework for Critical Infrastructure Based on the Analytic Hierarchy Process [J]. IFAC-Papers OnLine, 2022, 55 (40): 277-282.

[42] Firuzi E, Hosseini K A, Ansari A, et al. Developing a New Fatality Model for Iran's Earthquakes Using Fuzzy Regression Analysis [J]. International Journal of Disaster Risk Reduction, 2022 (80): 103231.

[43] Franchina L, Inzerilli G, Scatto E, et al. Passive and Active Training Approaches for Critical Infrastructure Protection [J]. International Journal of Disaster Risk Reduction, 2021 (63): 102461.

[44] Galbraith J W, Iuliani L. Measures of Robustness for Networked Critical Infrastructure: An Empirical Comparison on Four Electrical Grids [J]. International Journal of Critical Infrastructure Protection, 2019 (27): 100326.

[45] Galbusera L, Trucco P, Giannopoulos G. Modeling Interdependencies in Multi-Sectoral Critical Infrastructure Systems: Evolving the DMCI Approach [J]. Reliability Engineering & System Safety, 2020 (203): 107072.

[46] Genge B, Kiss I, Haller P. A System Dynamics Approach for Assessing the Impact of Cyber Attacks on Critical Infrastructures [J]. International Journal of Critical Infrastructure Protection, 2015 (10): 3-17.

[47] Gong Y J, Dong S, Wang Z F. Development of a Coupled Genetic Algorithm and Empirical Typhoon Wind Model and its Application [J]. Ocean Engineering, 2022 (248): 110723.

[48] Gong Y J, Dong S, Wang Z F. Forecasting of Typhoon Wave Based on Hybrid Machine Learning Models [J]. Ocean Engineering, 2022 (266): 112934.

[49] Gu Z, Li Y X, Zhang M H, et al. Modelling Economic Losses from Earthquakes Using Regression Forests: Application to Parametric Insurance [J]. Economic Modelling, 2023 (125): 106350.

[50] Guo T J, Li G H, He L. Risk Assessment of Typhoon Storm Surge Based on

A Simulated Annealing Algorithm and the Least Squares Method：A Case Study in Guangdong Province，China ［J］．Natural Hazards Research，2022，2（3）：249-258．

［51］Hossain N U I，Amrani S E，Jaradat R，et al．Modeling and Assessing Interdependencies between Critical Infrastructures Using Bayesian Network：A Case Study of Inland Waterway Port and Surrounding Supply Chain Network ［J］．Reliability Engineering and System Safety，2020（198）：106898．

［52］Hou H，Tang J Y，Zhang A W，et al．Resilience Enhancement of Distribution Network under Typhoon Disaster Based on Two－Stage Stochastic Programming ［J］．Applied Energy，2023（338）：120892．

［53］Huang Q P，Li Y J，Lin M M，et al．Natural Disasters，Risk Salience，and Corporate ESG Disclosure ［J］．Journal of Corporate Finance，2022（72）：102152．

［54］Islam M A，Rashid S I，Hossain N U I，et al．An Integrated Convolutional Neural Network and Sorting Algorithm for Image Classification for Efficient Flood Disaster Management ［J］．Decision Analytics Journal，2023（7）：100225．

［55］Ji Z W，Li Z C，Gao M T，et al．Simulation of Strong Earthquake Characteristics of a Scenario Earthquake（MS7.5）Based on the Enlightenment of 2022 MS6.9 Earthquake in Menyuan ［J］．Earthquake Science，2022，35（6）：485-496．

［56］Jia C Z，Zhang C，Li Y-F，et al．Joint Pre- and Post-Disaster Planning to Enhance the Resilience of Critical Infrastructures ［J］．Reliability Engineering & System Safety，2023（231）：109023．

［57］Jia H C，Chen F，Pan D H，et al．Flood Risk Management in the Yangtze River Basin —Comparison of 1998 and 2020 Events ［J］．International Journal of Disaster Risk Reduction，2022（68）：102724．

［58］Johansson J，Hassel H，Zio E．Reliability and Vulnerability Analyses of Critical Infrastructures：Comparing Two Approaches in the Context of Power Systems ［J］．Reliability Engineering & System Safety，2013（120）：27-38．

［59］Kalashnikov A，Sakrutina E．"Safety Management System" and Significant Plants of Critical Information Infrastructure ［J］．IFAC－Papers OnLine，2019，52（13）：1391-1396．

［60］Karunarathne A Y，Lee G．Developing a Multi-Facet Social Vulnerability Measure for Flood Disasters at the Micro-Level Assessment ［J］．International Journal of Disaster Risk Reduction, 2020 (49): 101679.

[61] Karunarathne A Y, Lee G. The Geographies of the Dynamic Evolution of Social Networks for the Flood Disaster Response and Recovery [J]. Applied Geography, 2020 (125): 102274.

[62] Kiel J, Petiet P, Nieuwenhuis A, et al. A Decision Support System for the Resilience of Critical Transport Infrastructure to Extreme Weather Events [J]. Transportation Research Procedia, 2016 (14): 68-77.

[63] Kilb D, Bunn J J, Saunders J K, et al. The PLUM Earthquake Early Warning Algorithm: A Retrospective Case Study of West Coast, USA, Data [J]. Journal of Geophysical Research: Solid Earth, 2021, 126 (7): 1-25.

[64] Kim H-S. Geospatial Data-Driven Assessment of Earthquake-Induced Liquefaction Impact Mapping Using Classifier and Cluster Ensembles [J]. Applied Soft Computing, 2023 (140): 110266.

[65] Kizhakkedath A, Tai K. Vulnerability Analysis of Critical Infrastructure Network [J]. International Journal of Critical Infrastructure Protection, 2021 (35): 100472.

[66] Kjølle G H, Utne I B, Gjerde O. Risk Analysis of Critical Infrastructures Emphasizing Electricity Supply and Interdependencies [J]. Reliability Engineering & System Safety, 2012 (105): 80-89.

[67] Kong J J, Zhang C, Simonovic S P. Resilience and Risk-Based Restoration Strategies for Critical Infrastructure under Uncertain Disaster Scenarios [J]. Sustainable Cities and Society, 2023 (92): 104510.

[68] Kufner S K, Bie L, Gao Y, et al. The Devastating 2022 M6.2 Afghanistan Earthquake: Challenges, Processes, and Implications [J]. Geophysical Research Letters, 2023, 50 (11): 1-11.

[69] Kumar N, Poonia V, Gupta B B, et al. A Novel Framework for Risk Assessment and Resilience of Critical Infrastructure Towards Climate Change [J]. Technological Forecasting and Social Change, 2021 (165): 120532.

[70] Lahiri S, Snowden B, Gu J Y, et al. Multidisciplinary Team Processes Parallel Natural Disaster Preparedness and Response: A Qualitative Case Study [J]. International Journal of Disaster Risk Reduction, 2021 (61): 102369.

［71］Laugé A, Hernantes J, Sarriegi J M. Critical Infrastructure Dependencies: A Holistic, Dynamic and Quantitative Approach ［J］. International Journal of Critical Infrastructure Protection, 2015 (8): 16-23.

［72］Li J, Hong X. Typhoon Hazard Analysis Based on the Probability Density Evolution Theory ［J］. Journal of Wind Engineering and Industrial Aerodynamics, 2021 (219): 104796.

［73］Li Y, Wu J D, Tang R M, et al. Vulnerability to Typhoons: A Comparison of Consequence and Driving Factors between Typhoon Hato (2017) and Typhoon Mangkhut (2018) ［J］. Science of the Total Environment, 2022 (838): 156476.

［74］Lin B C, Lee C H. Constructing an Adaptability Evaluation Framework for Community-Based Disaster Management Using an Earthquake Event ［J］. International Journal of Disaster Risk Reduction, 2023 (93): 103774.

［75］Liu F T, Xu E, Zhang H Q. An Improved Typhoon Risk Model Coupled with Mitigation Capacity and its Relationship to Disaster Losses ［J］. Journal of Cleaner Production, 2022 (357): 131913.

［76］Liu N, Chen W C, Wang J Y, et al. Typhoon Strikes, Distracted Analyst and Forecast Accuracy: Evidence from China ［J］. Finance Research Letters, 2023 (51): 103359.

［77］Liu W, Song Z Y. Review of Studies on the Resilience of Urban Critical Infrastructure Networks ［J］. Reliability Engineering & System Safety, 2020 (193): 106617.

［78］Liu X, Fang Y-P, Zio E. A Hierarchical Resilience Enhancement Framework for Interdependent Critical Infrastructures ［J］. Reliability Engineering & System Safety, 2021 (215): 107868.

［79］Liu X, Ferrario E, Zio E. Identifying Resilient-Important Elements in Interdependent Critical Infrastructures by Sensitivity Analysis ［J］. Reliability Engineering & System Safety, 2019 (189): 423-434.

［80］Luiijf E, Klaver M. Analysis and Lessons Identified on Critical Infrastructures and Dependencies from an Empirical Data Set ［J］. International Journal of Critical Infrastructure Protection, 2021 (35): 100471.

［81］Ma S Q, Lyu S R, Zhang Y D. Weighted Clustering-Based Risk Assessment on Urban Rainstorm and Flood Disaster ［J］. Urban Climate, 2021 （39）: 100974.

［82］ Ma X G, Guo H B, Tang X D, et al. Emergency Traffic Distribution and Related Traffic Organization Method under Natural Disasters ［J］. Sustainable Operations and Computers, 2023 （4）: 1-9.

［83］ Magoua J J, Wang F, Li N. High Level Architecture-Based Framework for Modeling Interdependent Critical Infrastructure Systems ［J］. Simulation Modelling Practice and Theory, 2022 （118）: 102529.

［84］ Mallucci E. Natural Disasters, Climate Change, and Sovereign Risk ［J］. Journal of International Economics, 2022 （139）: 103672.

［85］ Manzunzu B, Midzi V, Durrheim R, et al. Quantitative Evaluation of Source Parameters of Historical Earthquakes in Southern Africa ［J］. Journal of African Earth Sciences, 2023 （199）: 104833.

［86］ Martínez P, Jaime D, Contreras D, et al. Design and Validation of an Instrument for Selecting Spontaneous Volunteers During Emergencies in Natural Disasters ［J］. International Journal of Disaster Risk Reduction, 2021 （59）: 102243.

［87］ Mathews T, Paul J A. Natural Disasters and Their Impact on Cooperation Against a Common Enemy ［J］. European Journal of Operational Research, 2022, 303 （3）: 1417-1428.

［88］ Matsuki A, Hatayama M. Identification of Issues in Disaster Response to Flooding, Focusing on the Time Continuity between Residents' Evacuation and Rescue Activities ［J］. International Journal of Disaster Risk Reduction, 2023 （95）: 103841.

［89］ Milanović J V, Zhu W T. Modeling of Interconnected Critical Infrastructure Systems Using Complex Network Theory ［J］. IEEE Transactions on Smart Grid, 2018, 9 （5）: 4637-4648.

［90］ Moghadas M, Asadzadeh A, Vafeidis A, et al. A Multi-Criteria Approach for Assessing Urban Flood Resilience in Tehran, Iran ［J］. International Journal of Disaster Risk Reduction, 2019 （35）: 101069.

［91］ Mohammadigheymasi H, Tavakolizadeh N, Matias L, et al. A Data Set of Earthquake Bulletin and Seismic Waveforms for Ghana Obtained by Deep Learning ［J］. Data in Brief, 2023 （47）: 108969.

［92］ Mota-Santiago L R, Lozano A, Ortiz-Valera A E. Determination of Disaster Scenarios for Estimating Relief Demand to Develop an Early Response to an Earthquake Disaster in Urban Areas of Developing Countries ［J］. International Journal of Disaster Risk Reduction, 2023 （87）: 103570.

［93］ Mottahedi A, Sereshki F, Ataei M, et al. Resilience Estimation of Critical Infrastructure Systems: Application of Expert Judgment ［J］. Reliability Engineering & System Safety, 2021 （215）: 107849.

［94］ Mun C, Song J H. Bayesian-Network-Based Risk Modeling and Inference for Structures Under a Sequence of Main and Aftershocks ［J］. Earthquake Engineering & Structural Dynamics, 2022 （51）: 1058-1075.

［95］ Nakasu T, Amrapala C. Evidence-Based Disaster Risk Assessment in Southeast Asian Countries ［J］. Natural Hazards Research, 2023, 3 （2）: 295-304.

［96］ Nehren U, Arce-Mojica T, Barrett A C, et al. Towards a Typology of Nature-Based Solutions for Disaster Risk Reduction ［J］. Nature-Based Solutions, 2023 （3）: 100057.

［97］ Obi R, Nwachukwu M U, Okeke D C, et al. Indigenous Flood Control and Management Knowledge and Flood Disaster Risk Reduction in Nigeria's Coastal Communities: An Empirical Analysis ［J］. International Journal of Disaster Risk Reduction, 2021 （55）: 102079.

［98］ Oktari R S, Latuamury B, Idroes R, et al. Validating Knowledge Creation Factors for Community Resilience to Disaster Using Structural Equation Modelling ［J］. International Journal of Disaster Risk Reduction, 2022 （81）: 103290.

［99］ Osberghaus D, Fugger C. Natural Disasters and Climate Change Beliefs: The Role of Distance and Prior Beliefs ［J］. Global Environmental Change, 2022 （74）: 102515.

［100］ Ouyang M, Fei Q, Yu M-H, et al. Effects of Redundant Systems on Controlling the Disaster Spreading in Networks ［J］. Simulation Modelling Practice and Theory, 2009, 17 （2）: 390-397.

［101］ Pasari S. Nowcasting Earthquakes in Iran: A Quantitative Analysis of Earthquake Hazards through Natural Times ［J］. Journal of African Earth Sciences, 2023 （198）: 104821.

［102］Paul N, Silva V, Amo-Oduro D. Development of a Uniform Exposure Model for the African Continent for Use in Disaster Risk Assessment ［J］. International Journal of Disaster Risk Reduction, 2022（71）: 102823.

［103］Peng Y, Zheng R R, Yuan T, et al. Evaluating Perception of Community Resilience to Typhoon Disasters in China Based on Grey Relational TOPSIS Model ［J］. International Journal of Disaster Risk Reduction, 2023（84）: 103468.

［104］Peters L E R. Beyond Disaster Vulnerabilities: An Empirical Investigation of the Causal Pathways Linking Conflict to Disaster Risks ［J］. International Journal of Disaster Risk Reduction, 2021（55）: 102092.

［105］Pyakurel A, Dahal B K, Gautam D. Does Machine Learning Adequately Predict Earthquake Induced Landslides? ［J］. Soil Dynamics and Earthquake Engineering, 2023（171）: 107994.

［106］Qi S Q. Review of Two Outstanding Compilation Works of Chinese Historical Earthquakes Literature in China ［J］. Natural Hazard Research, 2023, 3（4）: 608-613.

［107］Qin D, Zhou X M, Zhou W Y, et al. MSIM: A Change Detection Framework for Damage Assessment in Natural Disasters ［J］. Expert Systems with Applications, 2018（97）: 372-383.

［108］Quitana G, Molinos-Senante M, Chamorro A. Resilience of Critical Infrastructure to Natural Hazards: A Review Focused on Drinking Water Systems ［J］. International Journal of Disaster Risk Reduction, 2020（48）: 101575.

［109］Rana I A, Asim M, Aslam A B, et al. Disaster Management Cycle and Its Application for Flood Risk Reduction in Urban Areas of Pakistan ［J］. Urban Climate, 2021（38）: 100893.

［110］Randil C, Siriwardana C, Rathnayaka B S. A Statistical Method for Pre-Estimating Impacts from A Disaster: A Case Study of Floods in Kaduwela, Sri Lanka ［J］. International Journal of Disaster Risk Reduction, 2022（76）: 103010.

［111］Rathnayaka Bawantha, Siriwardana Chandana, Robert Dilan. Improving the Resilience of Critical Infrastructures: Evidence-Based Insights from a Systematic Literature Review ［J］. International Journal of Disaster Risk Reduction, 2022（78）: 103123.

［112］Rehak D, Hromada M, Onderkova V, et al. Dynamic Robustness Modelling of Electricity Critical Infrastructure Elements as a Part of Energy Security ［J］. International Journal of Electrical Power & Energy Systems, 2022 （136）: 107700.

［113］Rehak D, Senovsky P, Hromada M, et al. Complex Approach to Assessing Resilience of Critical Infrastructure Elements ［J］. International Journal of Critical Infrastructure Protection, 2019 （25）: 125-138.

［114］Rehak D, Senovsky P, Hromada M. Cascading Impact Assessment in a Critical Infrastructure System ［J］. International Journal of Critical Infrastructure Protection, 2018 （22）: 125-138.

［115］Ren H, Ke S, Dudhia J, et al. Wind Disaster Assessment of Landfalling Typhoons in Different Regions of China Over 2004-2020 ［J］. Journal of Wind Engineering and Industrial Aerodynamics, 2022 （228）: 105084.

［116］Riddell G A, VanDelden H, Maier H R, et al. Exploratory Scenario Analysis for Disaster Risk Reduction: Considering Alternative Pathways in Disaster Risk Assessment ［J］. International Journal of Disaster Risk Reduction, 2019 （39）: 101230.

［117］Rinaldi S M, Peerenboom J P, Kelly T K. Identifying, Understanding, and Analyzing Critical Infrastructure Interdependencies ［J］. IEEE Control Systems Magazine, 2001, 21 （6）: 11-25.

［118］Roe E, Schulman P R. A Reliability & Risk Framework for the Assessment and Management of System Risks in Critical Infrastructures with Central Control Rooms ［J］. Safety Science, 2018 （110）: 80-88.

［119］Rosero-Velásquez H, Straub D. Selection of Representative Natural Hazard Scenarios for Engineering Systems ［J］. Earthquake Engineering & Structural Dynamics, 2022, 51 （15）: 3680-3700.

［120］Rus K, Kilar V, Koren D. Resilience Assessment of Complex Urban Systems to Natural Disasters: A New Literature Review ［J］. International Journal of Disaster Risk Reduction, 2018 （31）: 311-330.

［121］Safapour E, Kermanshachi S. Uncertainty Analysis of Rework Predictors in Post-Hurricane Reconstruction of Critical Transportation Infrastructure ［J］. Progress in Disaster Science, 2021 （11）: 100194.

［122］Saja A M A, Teo M, Goonetilleke A, et al. An Inclusive and Adaptive

Framework for Measuring Social Resilience to Disasters [J]. International Journal of Disaster Risk Reduction, 2018 (28): 862-873.

[123] Sajan K C, Bhusal A, Gautam D. Earthquake Damage and Rehabilitation Intervention Prediction Using Machine Learning [J]. Engineering Failure Analysis, 2023 (144): 106949.

[124] Sanderson D R, Cox1 D T, Amini M, et al. Coupled Urban Change and Natural Hazard Consequence Model for Community Resilience Planning [J]. Earth's Future, 2022, 10 (12): 1-20.

[125] Senapati S. Vulnerability and Risk in the Context of Flood-Related Disasters: A District-Level Study of Bihar, India [J]. International Journal of Disaster Risk Reduction, 2022 (82): 103368.

[126] Serre D, Heinzlef C. Assessing and Mapping Urban Resilience to Floods with Respect to Cascading Effects through Critical Infrastructure Networks [J]. International Journal of Disaster Risk Reduction, 2018 (30): 235-243.

[127] Shakirova A, Chemarev A. Multiplets of Low-frequency Earthquakes during the Eruption of the Kizimen Volcano in 2011-2012, Russia [J]. Journal of Volcanology and Geothermal Research, 2023 (438): 107805.

[128] Shao Z G, Wu Y Q, Ji L Y, et al. Assessment of Strong Earthquake Risk in the Chinese Mainland from 2021 to 2030 [J]. Earthquake Research Advances, 2023, 3 (1): 100177.

[129] Shaw R, Kishore K. Disaster Risk Reduction and G20: A Major Step Forward [J]. Progress in Disaster Science, 2023 (17): 100274.

[130] Shen G Q, Zhou L, Xue X W, et al. The Risk Impacts of Global Natural and Technological Disasters [J]. Socio-Economic Planning Sciences, 2023 (88): 101653.

[131] Shen L L, Li J P, Suo W L. Risk Response for Critical Infrastructures with Multiple Interdependent Risks: A Scenario-Based Extended CBR Approach [J]. Computers & Industrial Engineering, 2022 (174): 108766.

[132] Singh A N, Gupta M P, Ojha A. Identifying Critical Infrastructure Sectors and Their Dependencies: An Indian Scenario [J]. International Journal of Critical Infrastructure Protection, 2014, 7 (2): 71-85.

［133］Smit A，Stein A，Kijko A. Bayesian Inference in Natural Hazard Analysis for Incomplete and Uncertain Data ［J］. Environmetrics，2019，30（6）：1-16.

［134］Sonesson T R，Johansson J，Cedergren A. Governance and Interdependencies of Critical Infrastructures：Exploring Mechanisms for Cross－Sector Resilience ［J］. Safety Science，2021（142）：105383.

［135］Song J D，Zhu J B，Wei Y X，et al. Real-Time Prediction of Earthquake Potential Damage：A Case Study for the January 8，2022 MS 6.9Menyuan Earthquake in Qinghai，China ［J］. Earthquake Research Advances ，2023，3（1）：100197.

［136］Stough L M，Kang D. The Sendai Framework for Disaster Risk Reduction and Persons with Disabilities ［J］. International Journal of Disaster Risk Science，2015（6）：140-149.

［137］Su J F，Chen H. Study on the Mechanism of Atmospheric Electric Field Anomalies Before Earthquakes ［J］. Results in Geophysical Sciences，2023（15）：100060.

［138］Sufi F. AI-SocialDisaster：An AI-Based Software for Identifying and Analyzing Natural Disasters from Social Media ［J］. Software Impacts，2022，13（151）：100319.

［139］Sun T Y，Liu D P，Liu D，et al. A New Method for Flood Disaster Resilience Evaluation：A Hidden Markov Model Based on Bayesian Belief Network Optimization ［J］. Journal of Cleaner Production，2023（412）：137372.

［140］Suo W L，Wang L，Li J P. Probabilistic Risk Assessment for Interdependent Critical Infrastructures：A Scenario-Driven Dynamic Stochastic Model ［J］. Reliability Engineering & System Safety ，2021（214）：107730.

［141］Suo W L，Zhang J，Sun X L. Risk Assessment of Critical Infrastructures in A Complex Interdependent Scenario：A Four-Stage Hybrid Decision Support Approach ［J］. Safety Science，2019（120）：692-705.

［142］Tarhan İ，Zografos K G，Sutanto J，et al. A Multi-Objective Rolling Horizon Personnel Routing and Scheduling Approach for Natural Disasters ［J］. Transportation Research Part C：Emerging Technologies，2023（149）：104029.

［143］Thompson J R，Frezza D，Necioglu B，et al. Interdependent Critical Infrastructure Model（ICIM）：An Agent-based Model of Power and Water Infrastructure

[J]. International Journal of Critical Infrastructure Protection, 2019 (24): 144-165.

[144] Trucco P, Cagno E, De Ambroggi M. Dynamic Functional Modelling of Vulnerability and Interoperability of Critical Infrastructures [J]. Reliability Engineering & System Safety, 2012 (105): 51-63.

[145] Tsai V C, Hirth G. Elastic Impact Consequences for High-Frequency Earthquake Ground Motion [J]. Geophysical Research Letters, 2020, 47 (5): 1-8.

[146] Urlainis A, Ornai D, Levy R, et al. Loss and Damage Assessment in Critical Infrastructures due to Extreme Events [J]. Safety Science, 2022 (147): 105587.

[147] Utne I B, Hokstad P, Vatn J. A Method for Risk Modeling of Interdependencies in Critical Infrastructures [J]. Reliability Engineering & System Safety, 2011, 96 (6): 671-678.

[148] Vasileiou K, Barnett J, Fraser D S. Integrating Local and Scientific Knowledge in Disaster Risk Reduction: A Systematic Review of Motivations, Processes, and Outcomes [J]. International Journal of Disaster Risk Reduction, 2022 (81): 103255.

[149] Wang H, Ke S T, Wang T G, et al. Multi-Stage Typhoon-Induced Wind Effects on Offshore Wind Turbines Using a Data-Driven Wind Speed Field Model [J]. Renewable Energy, 2022 (188): 765-777.

[150] Wang J Y, Yuan H P. System Dynamics Approach for Investigating the Risk Effects on Schedule Delay in Infrastructure Projects [J]. Journal of Management in Engineering, 2018, 33 (1): 1-13.

[151] Wang S H, Wang Z G, Liu C, et al. A Review of Multi-Fault Recovery for Distribution Networks Under Natural Disasters [J]. Procedia Computer Science, 2022 (203): 356-361.

[152] Wang S L, Gu X F, Luan S Y, et al. Resilience Analysis of Interdependent Critical Infrastructure Systems Considering Deep Learning and Network Theory [J]. International Journal of Critical Infrastructure Protection, 2021 (35): 100459.

[153] Wang T T, Bian Y J, Zhang Y X, et al. Classification of Earthquakes, Explosions and Mining-Induced Earthquakes Based on XGBoost Algorithm [J]. Computers & Geosciences, 2023 (170): 105242.

[154] Wang W P, Yang S N, Hu F Y, et al. An Approach for Cascading Effects

within Critical Infrastructure Systems ［J］. Physica A：Statistical Mechanics and its Applications, 2018（510）：164-177.

［155］Wang W T, Li L, Qu Z. Machine Learning-Based Collapse Prediction for Post-Earthquake Damaged RC Columns Under Subsequent Earthquakes ［J］. Soil Dynamics and Earthquake Engineering, 2023（172）：108036.

［156］Wang W, Chen H, Ma L, et al. Analysis of Qiaojia Earthquake Disasters in the Zhaotong Area：Reasons for "Small Earthquakes and Major Disasters" ［J］. Natural Hazards Research, 2023, 3（2）：139-145.

［157］Wang Z L, Lai C G, Chen X H, et al. Flood Hazard Risk Assessment Model Based on Random Forest ［J］. Journal of Hydrology, 2015（527）：1130-1141.

［158］Wells E M, Boden M, Tseytlin I, et al. Modeling Critical Infrastructure Resilience Under Compounding Threats：A Systematic Literature Review ［J］. Progress in Disaster Science, 2022（15）：100244.

［159］Wilson A J, Radhamani A S. Real Time Flood Disaster Monitoring Based on Energy Efficient Ensemble Clustering Mechanism in Wireless Sensor Network ［J］. Software：Practice and Experience, 2022, 52（1）：254-276.

［160］Wu J S, Xing Y X, Bai Y P, et al. Risk Assessment of Large-Scale Winter Sports Sites in The Context of a Natural Disaster ［J］. Journal of Safety Science and Resilience, 2022, 3（3）：263-276.

［161］Wu T, Xu L S, Deng J L, et al. Rainstorm Monitoring based on Symbolic Dynamics and Entropy ［J］. Procedia Environmental Sciences, 2011（10）：1481-1488.

［162］Xu M, Ouyang M, Hong L, et al. Resilience-Driven Repair Sequencing Decision Under Uncertainty for Critical Infrastructure Systems ［J］. Reliability Engineering & System Safety, 2022（221）：108378.

［163］Xu X, Ouyang M, Hong L, et al. Resilience-Driven Repair Sequencing Decision Under Uncertainty for Critical Infrastructure Systems ［J］. Reliability Engineering & System Safety, 2022（221）：108378.

［164］Yang X L, Ding J H, Hou H. Application of a Triangular Fuzzy AHP Approach for Flood Risk Evaluation and Response Measures Analysis ［J］. Natural Hazards, 2013（68）：657-674.

［165］Yin S Y, Lin X B, Yang S N. Characteristics of Rainstorm in Fujian Induced by Typhoon Passing through Taiwan Island [J]. Tropical Cyclone Research and Review, 2022, 11 (1): 50-59.

[166] Yu J X, Liu L P, Baek J-W, et al. Impact-Based Forecasting for Improving the Capacity of Typhoon-Related Disaster Risk Reduction in Typhoon Committee Region [J]. Tropical Cyclone Research and Review, 2022, 11 (3): 163-173.

[167] Yu M Z, Yang C W, Li Y. Big Data in Natural Disaster Management: A Review [J]. Geosciences, 2018, 8 (5): 165.

[168] Yu S Y, Yuan M N, Wang Q, et al. Dealing with Urban Floods Within a Resilience Framework Regarding Disaster Stages [J]. Habitat International, 2023 (136): 102783.

[169] Zaman M O, Raihan M M H. Community Resilience to Natural Disasters: A Systemic Review of Contemporary Methods and Theories [J]. Natural Hazards Research, 2023, 3 (3): 583-594.

[170] Zarghami S A, Dumrak J. A System Dynamics Model for Social Vulnerability to Natural Disasters: Disaster Risk Assessment of an Australian City [J]. International Journal of Disaster Risk Reduction, 2021 (60): 102258.

[171] Zhang S F, Wu Z L, Zhang Y X. Is the September 5, 2022, Luding MS6. 8 Earthquake an "Unexpected" Event? [J]. Earthquake Science, 2023, 36 (1): 76-80.

[172] Zuccaro G, Leone M F, Martucci C. Future Research and Innovation Priorities in the Field of Natural Hazards, Disaster Risk Reduction, Disaster Risk Management and Climate Change Adaptation: A Shared Vision from the ESPREssO Project [J]. International Journal of Disaster Risk Reduction, 2020 (51): 101783.

[173] 白文军, 覃建, 王建国. 基于自然灾害视角的水力发电设施应急管理研究 [J]. 水利水电技术 (中英文), 2021, 52 (S1): 285-288.

[174] 曾露, 田兵伟, 王暾. 地震预警服务进展及其国际比较 [J]. 灾害学, 2022, 37 (2): 138-144.

[175] 陈健瑶, 夏立新, 舒怡娴. 基于句法特征的突发自然灾害网络舆情事件识别方法研究 [J]. 现代情报, 2022, 42 (6): 17-26+93.

[176] 陈敏. 关键基础设施系统中台风灾害链的复杂网络建模研究 [D]. 武汉大学硕士学位论文, 2020.

［177］陈雅慧，高小跃，李华玥，等 . 2021 年国外地震灾害及损失述评 ［J］. 地震地磁观测与研究，2022，43（3）：157-164.

［178］陈月华，杨绍亮，颜亮 . 关键信息基础设施安全风险分析与应对 ［J］. 保密科学技术，2019（11）：4-8.

［179］崔鹏帅 . 关键基础设施网络相依模型与鲁棒性研究［D］. 国防科技大学博士学位论文，2018.

［180］丁元慧，周强，刘峰贵，等 . 灾害韧性的研究演变及多维度展望 ［J］. 灾害学，2024，39（1）：109-117.

［181］董亚南，赵改侠，谢宗晓 . 关键信息基础设施保护及其实践探讨 ［J］. 网络空间安全，2018，9（8）：84-89.

［182］杜志强，李钰，张叶廷，等 . 自然灾害应急知识图谱构建方法研究 ［J］. 武汉大学学报（信息科学版），2020，45（9）：1344-1355.

［183］高蕾 . 相互依赖性关键基础设施系统韧性优化策略研究［D］. 暨南大学硕士学位论文，2021.

［184］高天乐，李佳旭，王颖，等 . 计及负荷侧关键基础设施耦合性的配电网恢复优化决策方法［J］. 电力建设，2019，40（12）：38-44.

［185］桂元苗，王儒敬，孙丙宇，等 . 基于本体的一种自然灾害知识表示方法［J］. 电子技术，2010，47（9）：4-6.

［186］韩峣阳，朱莉欣 . 建立关键基础设施网络安全风险等级预警模型初探 ［J］. 飞航导弹，2018（3）：70-73.

［187］黄崇福 . 自然灾害基本定义的探讨［J］. 自然灾害学报，2009，18 （5）：41-50.

［188］黄莉，袁田，彭毅，等 . 台风灾害社区韧性感知评估研究［J］. 自然灾害学报，2023，32（1）：22-28.

［189］姜孟婷 . 基于攻防博弈的关键基础设施网络防御资源调度策略研究 ［D］. 杭州电子科技大学硕士学位论文，2022.

［190］李伦彬，王诗莹 . 基于多属性分析的城市关键基础设施系统抗灾能力评估研究［J］. 佳木斯大学学报（自然科学版），2020，38（3）：10-13+81.

［191］李天顺 . 云南自然灾害状况与综合灾害风险管理［J］. 西部学刊，2023（17）：10-14.

［192］李雪梅 . 近十年来发达国家自然灾害治理新趋向及鉴戒［J］. 福建师

范大学学报（哲学社会科学版），2022（4）：43-51.

［193］李钰. 面向自然灾害应急的知识图谱构建与应用——以洪涝灾害为例［D］. 武汉大学硕士学位论文，2021.

［194］李泽荃，刘飞翔，赵法森. 城市关键基础设施网络级联失效研究进展［J］. 华北科技学院学报，2022，19（3）：97-103+119.

［195］李卓阳，王东明，肖遥，等. 基于概率方法的地震灾害风险区划［J］. 防灾减灾学报，2023，39（3）：12-19.

［196］刘敬严，田静，陈佳. 基于PSR模型的地震灾害应急能力评价［J］. 防灾科技学院学报，2023，25（3）：73-81.

［197］刘荣，罗彩云. 治理体系现代化视域下的自然灾害舆情传播途径［J］. 新闻潮，2022（2）：18-20+24.

［198］马雷雷，李宏伟，连世伟，等. 一种自然灾害事件领域本体建模方法［J］. 地理与地理信息科学，2016，32（1）：12-17.

［199］邱意民，应欢，周亮，等. 电力关键信息基础设施认定方法与实践研究［J］. 电力信息与通信技术，2020，18（11）：9-14.

［200］申淑娟，曾文华，叶哲璐，等. 自然灾害应急救援综合平台设计及应用——以浙江省为例［J］. 工程勘察，2022，50（11）：57-62.

［201］史晓亮，张艳，丁皓. 自然灾害风险评估研究进展［J］. 西安理工大学学报，2023（11）：1-11.

［202］司政亚，庄建仓，蒋长胜. 多个地震台网相互融合测定震级的贝叶斯算法［J］. 地球物理学报，2022，65（6）：2167-2178.

［203］孙思宇. 台风灾害下关键基础设施系统关联影响评价——以辽宁省为例［D］. 东北财经大学硕士学位论文，2020.

［204］索玮岚，陈发动，张磊. 考虑多重关联性和动态随机性的城市关键基础设施运行风险概率评估研究［J］. 管理工程学报，2021，35（5）：225-235.

［205］田芳毓，陈旭东，苏筠. 2005—2020年我国自然灾害救助应急响应时空分布特征及变化［J］. 灾害学，2022，37（2）：190-196.

［206］万相均，熊顺，何列松，等. 基于场景的自然灾害应急制图技术设计与实现［J］. 测绘与空间地理信息，2023，46（9）：111-116.

［207］汪路，卢莹，赵海坤. 台风灾害时空特征分析与评估模型构建［J］. 灾害学，2023，38（4）：187-194.

［208］汪明．重大自然灾害损失评估中的若干关键问题探讨［J］．中国减灾，2022（5）：24-27．

［209］王海鹏．重大自然灾害网络舆情政府应对研究——以寿光水灾为例［D］．山东大学硕士学位论文，2021．

［210］王诗莹，李伦彬，于光华．地震灾害下城市关键基础设施毁伤恢复力评估方法［J］．灾害学，2021，36（2）：14-18．

［211］王伟，齐庆杰，刘文岗．自然灾害次生事故隐患空间网络研究［J］．中国安全科学学报，2021，31（10）：152-158．

［212］王文，张志，张岩，等．自然灾害综合监测预警系统建设研究［J］．灾害学，2022，37（2）：229-234．

［213］王小群．关键基础设施信息系统应急响应与保障实践探索［J］．中国信息安全，2016（11）：64-65．

［214］王亚东．中欧关键信息基础设施法律保护比较研究［D］．上海交通大学硕士学位论文，2018．

［215］王伊，沈钰博，陆一宾，等．基于时变需求的台风灾害应急物资调度模型研究［J］．物流科技，2023，46（20）：22-28．

［216］王喆，罗梦柯，刘丹，等．基于 RIMER 的台风灾害下城市供水系统失效情景推演研究［J］．中国安全生产科学技术，2023，19（10）：178-185．

［217］徐宗学，叶陈雷，廖如婷．城市洪涝灾害协同治理：研究进展与应用案例［J］．地球科学进展，2023，38（11）：1107-1120．

［218］闫秋实，吕辰旭，陈叶青，等．关键基础设施抗爆韧性研究展望［J］．防护工程，2022，44（2）：1-11．

［219］颜克胜，荣莉莉．面向韧性提升的相互依赖关键基础设施网络灾后修复模型研究［J］．运筹与管理，2021，30（5）：21-30．

［220］杨元瑾．面向关键基础设施的网络攻防对抗平台总体技术设计［J］．网络安全技术与应用，2018（1）：81-82．

［221］姚丁月．突发自然灾害网络舆情演变分析及引导策略研究［D］．长春师范大学硕士学位论文，2022．

［222］于洁．基于灾害时空扩散过程的城市应急准备机制研究——以城市关键基础设施网络为例［D］．上海交通大学硕士学位论文，2017．

［223］袁旭山，刘京会，宋珂．基于 BP 神经网络的洪涝灾害承灾体脆弱性

评估［J］. 人民长江，2024，55（2）：26-34.

［224］张超. 城市数字化转型背景下关键基础设施信息物理系统安全建设对策研究［J］. 上海管理科学，2022，44（1）：80-83.

［225］张竟文，马永驰. 关键基础设施相互依赖关系研究综述［J］. 石河子科技，2017（2）：14-17.

［226］张竟文. 关键基础设施连锁失效路径的统计识别与管理对策研究［D］. 大连理工大学硕士学位论文，2017.

［227］张凯丽. 突发自然灾害网络舆情预警机制研究——以"7·20河南暴雨"事件为研究对象［D］. 扬州大学硕士学位论文，2022.

［228］张磊，吴彬卓，滕舟斌. 自然灾害风险防控和应急救援平台构建与实践——以浙江省为例［J］. 中国地质灾害与防治学报，2022，3（4）：134-142.

［229］张一洋，艾仁华，俞思雅，等. 我国自然灾害风险预警模型［J］. 海峡科学，2022（5）：61-67.

［230］张祖敏，罗毅超，胡文生. 自然灾害时空分布特征研究［J］. 江西测绘，2023（3）：36-40.

［231］赵旭东，陈志龙，龚华栋，等. 关键基础设施体系灾害毁伤恢复力研究综述［J］. 土木工程学报，2017，50（12）：62-71.

［232］郑豆豆. 基于多目标优化的城市关键基础设施系统保护［D］. 暨南大学硕士学位论文，2020.

［233］周方，袁永博，张明媛. 级联失效下城市多层关键基础设施系统脆弱性分析［J］. 系统工程，2018，36（7）：66-74.

［234］周方，赵伟，胡翔奎，等. 基于关键基础设施耦合关系的城市韧性评价［J］. 安全与环境学报，2023，23（4）：1014-1021.

［235］周方. 城市多层关键基础设施耦合网络级联失效研究［D］. 大连理工大学博士学位论文，2019.

［236］朱晓寒，李向阳，刘昭阁. 关键基础设施网络关联脆弱性评估的本体配置［J］. 华中科技大学学报（自然科学版），2020，48（7）：26-32.

［237］朱晓寒，李向阳，王诗莹. 自然灾害链情景态势组合推演方法［J］. 管理评论，2016，28（8）：143-151.

［238］朱晓寒. 城市级联灾害应对的情景态势推演方法［D］. 哈尔滨工业大学博士学位论文，2020.